BIBLIOTHÈQUE

DES ARTS ET MÉTIERS.

LIVRE DE L'ARPENTEUR-GÉOMÈTRE.

IMPRIMERIE DE MADAME PORTHMANN,
Rue du Hasard-Richelieu, 8.

LIVRE

DE

L'ARPENTEUR-GÉOMÈTRE,

GUIDE PRATIQUE

DE L'ARPENTAGE ET DU LEVER DES PLANS.

CONTENANT :

Un précis historique, des notices biographiques, des principes généraux de géométrie et de trigonométrie, la description des instruments nécessaires au géomètre, le lever du plan sur le terrain et son tracé sur le papier, le rapport sur le terrain d'un plan tracé sur le papier, les méthodes les plus sûres pour copier un plan, le réduire ou l'augmenter, le lavis, le bornage et la rédaction des procès-verbaux, la mesure des solides, etc.

PAR MM. PLACE ET FOUCARD,

Arpenteurs-géomètres.

SUIVI DE

l'Hygiène de l'Arpenteur,

PAR M. A. SAINT-MACARY,

Doct. en médecine.

PARIS,

A.-L. PAGNERRE ET Cᵉ, EDITEURS,

Rue de Seine, 14 bis.

1838

INTRODUCTION.

Il existe beaucoup de traités d'arpentage, mais presque tous manquent de méthode ou sont incomplets. Quelques-uns peu nombreux sont parfaits, il est vrai; mais d'un prix très-élevé, ils ne peuvent être considérés comme populaires. Ils sont de plus écrits dans une langue que les savants seuls comprennent; nous croyons donc, en publiant cet ouvrage, venir en aide à un besoin généralement éprouvé. Nous voulons multiplier le nombre des arpenteurs instruits et diminuer ainsi la quantité de procès qui presque toujours, dans les campagnes, sont uniquement basés sur de mauvaises mesures des terrains ; nous voulons surtout donner à chaque propriétaire la facilité d'arpenter luimême les parcelles d'une médiocre étendue et de contrôler les travaux d'une plus grande importance qu'il se trouve forcé de faire exécuter par un arpenteur-géomètre. Nous espérons aussi que la pureté des méthodes indiquées dans notre livre et la clarté de sa rédaction engageront MM. les arpenteurs à le considérer comme leur *Vade-me-cum* obligé.

Dans le chapitre premier, nous donnons une exposition détaillée de la division de l'ouvrage, et nous nous contenterons de dire ici que la partie professionnelle renferme des préceptes généraux de Géométrie et de Trigonométrie, la description des instruments, les méthodes les meilleures pour lever les mesures et le plan sur le terrain et le tracer sur le papier : nous donnons aussi les moyens de prendre un nivellement, de rapporter sur le terrain un plan tracé sur le papier, de copier un plan, de le réduire ou de l'augmenter ; nous passons ensuite au lavis, au bornage, à la rédaction des procès-verbaux et à la mesure des solides. Le livre est terminé par des principes de législation, d'hygiène, et une bibliographie étendue. De nombreuses figures viennent rendre claires et lucides toutes les explications.

LIVRE

DE

L'ARPENTEUR - GÉOMÈTRE.

PARTIE HISTORIQUE.

—

La science de l'arpentage, sans aucun doute l'une des plus anciennes, a dû donner naissance à la géométrie : aussitôt que l'homme posséda quelque chose en propre, il dut vouloir la mesurer, et, lors d'un héritage ou d'une vente, la diviser.

L'arpentage et le droit de propriété naquirent pour ainsi dire ensemble, et depuis lors le premier fut la conséquence nécessaire du second. Nous ne trouvons cependant rien sur cette application des mathématiques avant le règne de Sésostris, qui gouvernait l'Egypte mille ans avant la naissance de Jésus-Christ. Hérodote, le premier des historiens, en parle en ces termes : « On m'assura (à Thèbes et à Memphis), que Sésostris avait partagé l'Égypte entre tous ses sujets et qu'il avait donné à chacun une égale portion de terre en carré, à la charge d'en payer par an un tribut proportionné ; si la portion de quelqu'un était diminuée par la rivière, il allait trouver le roi et lui exposait ce qui était arrivé dans sa terre; en même temps, le roi envoyait sur les lieux et faisait mesurer l'héritage, afin de savoir de combien il était diminué, et de ne faire payer que selon ce qui restait de terre. Je crois, ajoute l'historien grec, que ce fut là que l'arpentage (ou géométrie) prit naissance, et qu'il passa de là chez les Grecs.»

Les mathématiciens des écoles d'Alexandrie et de la Grèce firent faire d'immenses progrès à la science qui nous occupe, soit qu'on la considère pure ou appliquée. Thalès de Milet trouva la mesure des angles en se servant de la circonférence du cercle; Pythagore découvrit la propriété que le carré de l'hypothénuse a d'égaler les carrés établis sur les deux autres côtés du triangle; du temps de Platon, la théorie des sections coniques fut trouvée. Trois cents ans avant Jésus-Christ, Euclide rassembla les propositions connues de géométrie, en ajouta beaucoup de nouvelles, et donna à son livre le titre d'*Eléments*. Un demi-siècle après Euclide, Archimède découvrit le rapport le moins éloigné entre le cercle et le diamètre; ce calcul par approximation est la résolution la plus exacte du fameux problème de la quadrature du cercle, résolution si souvent tentée, impossible peut-être, et, dans tous les cas, sans résultat utile.

Depuis cet instant, nous nous contenterons de citer, jusqu'à la chute de l'empire romain, les auteurs qui se sont rendus illustres par leurs travaux géométriques: nous nommerons Apollonius de Perges, Théodose, Pappus d'Alexandrie, Proclus, Marinus, Isidore de Milet, Anthémius, Eutocius et Dioclès. Plus tard les géomètres arabes inventèrent la trigonométrie et la substitution des *sinus* aux *cordes*, en usage auparavant.

Vers l'an 960, l'illustre Gerbert, depuis pape sous la

nom de Sylvestre II, fut en Espagne étudier les sciences mathématiques , et en rapporta la connaissance en Italie, devenue à cette époque le séjour de la barbarie. A cette même époque, la Grèce, ou plutôt l'empire d'Orient, produisit quelques savants géomètres, parmi lesquels nous compterons Zonaras, Tzetzès, Moscopule. En 1494, Luca-del-Burgo traduisit les *Eléments d'Euclide*, et publia quelques ouvrages qui lui sont propres, entre autres, *De summá arithmeticá et geometricá.*

Dès les premières années du seizième siècle , la géométrie fut de nouveau cultivée en Europe, et les anciens auteurs servirent à cette étude de matériaux et de règles ; Werner s'occupa spécialement des sections coniques ; Maurolic traita avec science et bonheur le même sujet. Tartaglia fit son livre *De numeri e misure* et détermina le premier l'aire d'un triangle au moyen de ses trois côtés et sans le secours de la perpendiculaire abaissée d'un angle sur le côté opposé. Nous nous contenterons de citer les noms de Nonius, de Commandin, de Ramus, de Metius, d'Adrianus Romanus et de L. Van Ceulen ; Viéte , notre compatriote , appliqua l'algèbre à la géométrie et établit la doctrine des sections angulaires ; Descartes se servit de l'algèbre dans la théorie des lignes courbes, mais ne l'a point appliquée le premier à la géométrie comme beaucoup l'ont pensé ; l'honneur doit en être réservé à Viéte. Nous devons encore à Descartes deux méthodes pour mener les tangentes à une courbe ; ces modes fort ingénieux sont cependant moins simples que celui du calcul différentiel. Fermat, Cavaleri, Toricelli, de Saint-Vincent, Beaune, Wallis, William Neil , rendirent aussi à cette époque de grands services à la science.

Pascal résolut, quelque temps après, plusieurs nouveaux

1.

problèmes sur le cycloïde, et prouva son immense supério-
rité sur tous les autres géomètres de son temps ; Huguens,
Barrow, Sluze, Brouncker, Mercator, Grégori, firent faire
à la science de nouveaux progrès. Leibnitz donna quelques méthodes utiles et simplifiées. Nous ne pouvons nous
étendre autant que nous le voudrions sur les travaux du
savant que nous venons de nommer ; sur ceux de l'illustre
Newton, des Bernoulli et du marquis de l'Hôpital. Euler,
pendant le dix-huitième siècle, ajoute aux connaissances
acquises et popularise de graves enseignements. Depuis
cette époque, les Lacroix, les Legendre, les Lefebvre,
les Delambre et beaucoup d'autres firent progresser soit
la géométrie pure, soit l'arpentage, qui n'est que l'application utile de la première.

En 1802, les consuls ordonnèrent l'arpentage de 1800
communes disséminées dans toute la France, et dont le
revenu devait, par analogie, servir à établir celui de
toutes les autres communes. Cette mesure fut l'origine du
Cadastre, ou, si l'on veut, sa généralisation ; car, longtemps avant la révolution, plusieurs de nos provinces
jouissaient des bénéfices de ce travail. Les opérations et
les effets du cadastre ont été modifiés et améliorés à diverses époques ; cependant il est de grandes mesures à
adopter si l'on veut lui faire porter tous ses fruits. Des
moyens nouveaux ou remis en usage devront être employés pour que les plans et registres cadastraux soient
modifiés à chaque mutation, et pour que leur exactitude
les rende des déclarations perpétuelles de la contenance
des propriétés ; des milliers de procès seront ainsi évités.

PARTIE BIOGRAPHIQUE.

—

EUCLIDE naquit en Grèce dans le troisième siècle avant J. C. On sait peu de choses sur sa vie; nous apprenons seulement de son commentateur Proclus Diadochus qu'il ouvrit une école de mathématiques à Alexandrie en Egypte, sous le règne de Ptolémée, fils de Lagus. Quelques uns de ses nombreux ouvrages sont arrivés jusqu'à nous: le plus célèbre et peut-être celui que l'on consulte aujourd'hui avec le plus de fruit, est celui qui porte pour titre: *Eléments.* Ce traité est divisé en quinze livres, mais les treize premiers sont seuls attribués à Euclide : les deux autres ont été faits, du moins tout le fait supposer, par Hysicle d'Alexandrie, qui a vécu longtemps après l'illustre mathématicien dont nous traçons la biographie. Les *Eléments* ont eu, dans toutes les langues et chez tous les peuples civilisés, un grand nombre d'éditions. Tous les ouvrages d'Euclide ont été réunis et publiés ainsi à diverses reprises. Nous citerons entre autres: *Euclidis opera, grœcè, cum Theonis expositione,* etc. Bâle, 1550. In-folio. — *Euclidis quœ supersunt omnia, ex recensione D. Gregori, grœcè et latinè.* Oxford, 1703. In-folio. — *Les œuvres d'Euclide, grec, latin et français,* d'après un manuscrit très-ancien mis au jour par M. Peyrard. Paris, 1814, in-4°.

ARCHIMÈDE est né à Syracuse, environ 287 ans avant J. C.;
il était du sang royal. Il alla en Egypte pour se perfection-
ner dans les mathématiques et revint défendre sa patrie
contre les aggressions des Romains. Chacun sait tous les
efforts que fit l'habile géomètre pour retarder la prise de
Syracuse, et la mort qu'il subit lorsqu'il travaillait encore
à découvrir de nouveaux moyens de défense. La géométrie doit à Archimède la presque découverte de la quadrature du cercle; ou, si l'on veut, il trouva l'approximation de cette mesure et rendit inutiles les travaux subséquents dont le but serait de résoudre complètement le problème. On a encore de lui quelques traités sur le cercle,
la spirale, la sphère, le globe: ces morceaux réunis ont
été publiés en grec et en latin à Oxford, in-folio, 1793.
Nous en avons une traduction française par Peyrard. Paris
1807, in-4°, et 1808, 2 vol. in-8°.

VIÉTE, (François) naquit à Fontenay-le-Comte, en 1540.
On lui doit l'application de l'algèbre à la géométrie, découverte admirable qui fut longtemps attribuée à Descartes; il est aussi l'inventeur de la géométrie des sections
angulaires et de la méthode pour construire géométriquement les équations. Il mourut en 1603. Ses ouvrages
ont été recueillis par F. Schooten, Jacq. Golius et le P.
Mersenne et publiés en un volume in-folio. Leyde, 1646.
Le *Canon mathematicus*, imprimé en 1579, et l'*Harmoni-
con cœleste* ne se trouvent point dans cette collection.

PASCAL (Blaise) est né à Clermont, en Auvergne, où son
père était président à la cour des aides. Illustre à plus
d'un titre, Pascal sentit dès son enfance la vocation la plus
décidée pour l'étude des mathématiques: ce que l'on ra-

conte de ses progrès est presque fabuleux. Dès l'âge de
seize ans, il publia un *Traité des sections coniques;* à dix-
neuf, il inventa la machine arithmétique: à vingt-trois, il
exécuta les expériences de Toricelli sur le vide et résolut
un problème très-difficile proposé par le père Mersenne.
Animé d'une piété fort grande, il se retira à Port-Royal
des champs, s'y livra à l'étude de l'écriture sainte et y
publia ses Provinciales. Il mourut à Paris, en 1662, âgé
de trente-neuf ans deux mois. Il a publié un grand nombre de mémoires sur les sciences exactes.

EULER (Léonard) a reçu le jour à Bâle, en 1707. Il fut un
des plus illustres géomètres du 18e siècle, reçut des leçons de son père, habile mathématicien, et de Jean Bernoulli. Il fut professeur à l'académie de Saint-Pétersbourg
fondée par Catherine II, mais séjourna longtemps à Berlin. Retourné à Saint-Pétersbourg, il y perdit la vue à
l'âge de cinquante-neuf ans, ce qui, au reste, ne l'empê-
cha pas de travailler. Il mourut dans cette capitale de la
Russie, le 7 septembre 1783, frappé d'une attaque d'apo-
plexie foudroyante. Dans sa vie toute de travail il a publié
un grand nombre d'écrits: plusieurs sous forme de mémoires ont été imprimés dans les recueils des académies
de Saint-Pétersbourg, de Berlin, de Paris. Il remporta
des prix proposés par notre académie des Sciences. Voici
les noms de ses principaux ouvrages: *Dissertatio physi-
qua de sono;* Bâle, 1727, in-4°. — *Mechanica sive motûs
scientia analycè exposita.* Pétersbourg, 1736. 2 vol. in-4°.
— *Methodus inveniendi lineas curvas, maximi minimive
proprietate gaudentes,* etc. Lausanne, 1744. 2 vol. In-4°.
— *Introductio in analysin infinitorum;* Lausanne, 1748.
2 vol. In-4°. — *Institutiones calculi differentialis, cum*

ejus usu in analysi infinitorum ac doctrina serierum : Berlin, 1755, in-4°. — *Lettres à une princesse d'Allemagne*
(la princesse d'Anhalt-Dessau), Pétersbourg, 1763 à 1772.
3 vol. in -8°. *Fig.* — *Theoria motûs corporum solidorum*
seu rigidorum. Rostock, 1765. In-4°. — *Institutiones cal-*
culi integralis. Pétersbourg, 1768-1770. 3 vol. In-4°.

PARTIE PROFESSIONNELLE.

CHAPITRE PREMIER.

Exposition de l'Ouvrage.

Sous le nom d'*arpentage* on désigne l'application de la géométrie à la mesure des surfaces agraires et à leur division dans des rapports donnés ; sous cette dénomination, on comprend encore la représentation des terrains sur le papier, d'après une échelle convenue, ce que l'on appelle *lever un plan*. La science est ici nécessairement mêlée à son usage appliqué à un des besoins de l'homme ; nous avons donc cru devoir lui donner une place dans notre livre ; nous n'écrirons pas cependant un cours complet de géométrie et de trigonométrie, et nous nous contenterons de tracer les résultats des théorèmes, sans nous attacher à la démonstration. Nous donnerons seulement la méthode la plus sûre pour arriver à la résolution de tous les problèmes.

Dans le chapitre qui suivra, nous décrirons les instruments en usage pour la mesure des terrains, pour le rapport de ces mesures sur le papier et pour le lavis des plans. Puis, nous donnerons les règles à observer pour obtenir la mesure exacte du sol et sa reproduction sur le papier ; nous examinerons toutes les méthodes et toutes les natures de propriétés, bois, champs, prés, maisons, etc., dans quelques situations qu'elles se trouvent placées.

Nous parlerons dans un autre chapitre du rapport d'un plan sur le terrain; en effet, il arrive quelquefois de dessiner dans le cabinet telle ou telle distribution de terrain et de la rapporter ensuite sur le sol. Nous dirons aussi comment il faut s'y prendre pour copier un plan, pour le réduire ou l'augmenter; enfin, nous traiterons du lavis, et de la désignation par telle ou telle forme de hachures des diverses natures de propriétés. Nous terminerons par les pratiques à suivre dans le bornage, et par la forme à donner aux procès-verbaux qui constatent cette opération; nous dirons aussi en peu de mots comment on mesure les solides.

On sait que la mesure des surfaces consiste dans leur comparaison avec une surface connue prise pour unité. Cette unité était autrefois le *pied* carré, ou *la toise* carrée, ou *l'arpent;* ce dernier même n'était pas la seule mesure de sa nature et de sa contenance; un grand nombre de différentes mesures, approchant plus ou moins de *l'arpent* dit *de Paris,* existaient en France et rendaient fort difficiles la statistique générale et les comparaisons de provinces à provinces. On avait déjà fait quelques tentatives pour changer cet état de choses, quand l'Assemblée nationale vota l'uniformité des poids et mesures pour toutes les provinces du royaume.

Nous allons en peu de mots indiquer quelle fut dans le nouveau système la nature des mesures de surface.

Le principe de toutes les mesures est le *mètre ;* c'est la dix millionième partie du quart du méridien terrestre, qui répond, suivant les mesures de MM. Delambre et Méchain, à 3 pieds 11 lignes, 296 millièmes de ligne; la chaine d'arpenteur composée de dix mètres s'appelle *décamètre*; cent décamètres font un *kilomètre* et dix kilomètres un *myriamètre*: le mètre se divise en dix parties égales qu'on appelle *décimètres* et chacun de ceux-ci en dix autres parties que l'on nomme *centimètres*; le centimètre se divise lui-même en dix autres parties qui prennent le nom de *millimètres*. Un décamètre carré se nomme *are* et cent ares font un *hectare*.

Ainsi *la ligne* ancienne vaut: 0^{m},002,256.

     Le pouce. . . . . .   0^{m},027,062.

     Le pied. . . . . .   0^{m},324,839.

     La toise. . . . . .   1^{m},949,034.

Une loi récente vient de proscrire l'emploi des anciennes mesures et de leurs dénominations, et nous aurions pu nous dispenser d'appliquer l'ancien système aux règles de l'arpentage. Cependant les lois qui devancent les mœurs ou les habitudes ne prennent pas immédiatement racine, et nous croyons, pour être compris de tous, devoir placer en regard les mesures nouvelles et anciennes. Nous ne citerons qu'un exemple de cette tenacité des habitudes: depuis longtemps on a senti la nécessité, ou du moins l'utilité, de substituer à la division de la circonférence en 360 degrés, celle de 400; et, cependant, la presque totalité des instruments employés aujourd'hui ont encore la division sexagésimale, et celle dite centésimale n'est employée que par un petit nombre de savants.

Nous ne donnerons point ici de tables pour faciliter le rapport des mesures anciennes et nouvelles et réciproquement; elles ont besoin, pour être bien comprises, de longs développements, qui ne peuvent trouver place ici ; nous renverrons donc aux ouvrages spéciaux, ainsi que pour ce que nous avons été obligé d'omettre dans nos principes généraux de géométrie et de trigonométrie. Nous avons évité dans ceux-ci tout ce qui pouvait en rendre l'application trop difficile pour tous les gens peu au courant des hautes sciences mathématiques, mais nous les avons supposés instruits de l'arithmétique et de quelques notions d'algèbre.

CHAPITRE II.

Principes généraux de la Géométrie (1).

1. La géométrie est la science qui a pour objet la mesure des quantités continues ou de l'étendue.

L'étendue a trois dimensions : *longueur*, *largeur* et *hauteur* ou *profondeur*.

2. La longueur sans largeur ni profondeur se nomme

(1) Nous devons donner ici l'explication de quelques mots et des signes en usage.

Axiome : proposition évidente et qui ne demande aucune démonstration.

Théorème : vérité qu'il faut démontrer.

Problème : question proposée et que l'on doit résoudre.

Proposition : terme qui s'applique aux trois précédents.

=signifie est *égal à* ou *égale* telle autre chose.

ligne. Les deux extrémités de la ligne sont des *points,* qui n'ont point d'étendue, au moins en tant qu'ils rendent l'idée du géomètre.

3. Deux dimensions jointes ensemble ou, si l'on veut, longueur et largeur, produisent la *surface,* qui est sans épaisseur ni hauteur.

4. Tout ce qui réunit les trois dimensions de l'étendue est appelé *solide* ou corps.

5. Les lignes sont *droites* ou *courbes,* car nous ne considérons une ligne *brisée* que comme une réunion de lignes droites. La ligne droite est le plus court chemin d'un point à un autre ; et d'un point déterminé à un autre point, on ne saurait mener plus d'une ligne droite. Toute ligne qui n'est ni droite ni composée de lignes droites est nécessairement courbe.

+ remplace le mot *plus.*

— Id. le mot *moins.*

✕ Id. *multiplié par.*

— Ainsi placé $\frac{A}{B}$ indique la division.

: remplace *est à.*

:: Id. *comme.*

° *degré.*

' *minute.*

" *seconde.*

— 2 placé ainsi $\overline{AB}^2$ indique le carré de AB. — 3 Dans la même position indique le cube.

√ *racine.*

√2, *racine carrée.*

√3, *racine cubique.*

Sin. *Sinus.*

Cos. *Cosinus.*

Tang. *Tangente.*

Cot. *Cotangente.*

Log. *Logarithme.*

6. Les surfaces sont *planes* ou *courbes*. La surface plane que l'on nomme aussi *plan* est celle dans laquelle on peut, en prenant deux points à volonté, joindre ces deux points par une ligne droite comprise tout entière dans la surface. La surface courbe est celle qui n'est ni plane ni composée de surfaces planes.

7. Les solides peuvent être considérés comme une réunion de surfaces planes ou courbes.

8. Deux lignes sont *parallèles* quand prolongées indéfiniment elles ne peuvent jamais se rencontrer. (*Fig.* 1.)

9. Deux lignes droites se rencontrant forment au moins un *angle* comme en ABC '(*fig.* 2) ; le point A est en même temps l'intersection des lignes et le sommet de l'angle; les lignes AB, AC, en sont les côtés ; l'angle étant la quantité dont les côtés sont écartés l'un de l'autre est, comme toutes les autres quantités, susceptible d'addition, de soustraction, de multiplication et de division. Dans la *fig.* 3 , l'angle DCE est la somme des deux angles DCB,BCE; et l'angle DCB est la différence des deux angles DCE,BCE; l'angle n'est désigné souvent que par la lettre placée au sommet; quelquefois cependant par les trois lettres du sommet et des côtés.

10. Lorsqu'une ligne droite AB (*fig.* 4) , en rencontre une autre CD, en formant avec celle-ci deux angles égaux et adjacents BAC,BAD , la ligne AB est dite *perpendiculaire*, et les deux angles sont nommés *droits;* tout angle plus petit ou moins ouvert que l'angle droit s'appelle *aigu;* ceux qui sont au contraire plus grands ou plus ouverts sont dits *obtus*.

11. Tout plan ou figure plane est borné partout par des lignes. Lorsque ces lignes sont droites, la surface prend le nom de *polygone*. Le polygone est dit aussi

figure rectiligne, et la réunion des lignes qui le terminent se nomme le *périmètre* du polygone.

12. Les polygones peuvent avoir un nombre de côtés presque illimité, mais ne sauraient en avoir moins de trois.

13. Les polygones portent différents noms suivant le nombre des côtés qui les entourent. On nomme *triangle* le polygone de trois côtés; *quadrilatère*, celui de quatre côtés; *pentagone*, celui de cinq; *hexagone*, celui de six; etc.

14. Le triangle est *équilatéral* lorsqu'il a ses trois côtés égaux; il est *isocèle,* lorsque seulement deux de ses côtés sont égaux, et *scalène* quand ils sont tous trois inégaux. Triangle *rectangle* est celui qui a un angle droit, et le côté opposé à l'angle droit est dit *hypothénuse.*

15. Les quadrilatères sont de diverses sortes et reçoivent des appellations différentes: le *carré* a tous ses côtés égaux et ses angles droits: le *rectangle* ou carré long a ses côtés égaux, mais seulement deux à deux et ses angles droits: le *parallélogramme* ou *rhombe* a les côtés opposés parallèles, par conséquent de même longueur, et ses angles sont obtus et aigus: le *losange* a tous ses côtés égaux, mais les angles inégaux; le *trapèze* n'a que deux côtés parallèles.

16. Les polygones sont *équilatéraux* lorsque les côtés sont égaux; ils sont *équiangles* lorsque les angles sont égaux. Ils sont *équilatéraux* les uns aux autres lorsque les côtés sont égaux chacun à chacun, et que ces côtés sont placés dans le même ordre; ils sont *équiangles* les uns aux autres lorsque les angles établis dans le même ordre sont semblables chacun à chacun. On nomme côtés ou angles *homologues* ceux qui sont égaux chacun à chacun.

17. Le *cercle* est l'espace compris entre une ligne courbe dite *circonférence*, également éloignée d'un point intérieur que l'on nomme *centre*; le cercle est une surface plane.

18. La ligne droite qui traversant le centre du cercle se termine de part et d'autre à la circonférence, est dite *diamètre*; la ligne droite tirée du centre à un point quelconque de la circonférence se nomme *rayon*. Tous les rayons d'un même cercle sont égaux entre eux; il en est de même des diamètres qui ne sont que des doubles rayons.

19. Une ligne droite tirée d'un point à un autre de la circonférence sans passer par le centre et se terminant à cette même circonférence, s'appelle *corde:* la portion de circonférence qu'elle soutient est nommée *arc* et la portion du cercle comprise entre la ligne courbe et la droite est le *segment*.

20. Deux rayons divergeant entre eux comprennent une surface que l'on appelle *secteur*.

21. Toute ligne qui rencontre la circonférence sur deux points se nomme *sécante* et celle qui ne touche cette circonférence que sur un seul point appelé *point de contact* est dite *tangente*. Les ligne   tangentes et sécantes peuvent être droites ou courbes.

22. Les *cordes* se nomment aussi *lignes inscrites:* on appelle *angle inscrit* celui qui touche à la circonférence par son sommet et qui a deux cordes pour côtés. Les polygones sont inscrits quand tous les angles ont leur sommet à la circonférence; le cercle est alors *circonscrit*. Si le contraire avait lieu et que le cercle placé en dedans du polygone touchât tous les côtés de celui-ci, ce serait le cercle qui serait *inscrit*.

23. Les angles *droits* sont égaux entre eux; deux an-

gles adjacents formés par une ligne droite qui en rencontre une autre de même sorte, donnent une somme égale à deux angles droits.

24. Deux lignes droites ne peuvent se toucher qu'en un seul point : le contraire ne saurait arriver sans que les deux lignes s'appliquant exactement l'une à l'autre se confondissent.

25. Toutes les fois que deux lignes droites se coupent, elles forment quatre angles opposés à leur sommet. Les angles opposés l'un à l'autre sont égaux.

26. Deux triangles sont égaux quand ils ont chacun un angle égal compris entre des côtés égaux. Deux triangles sont aussi égaux lorsqu'ils ont chacun un côté égal entre deux angles égaux. Il en est de même quand les trois côtés sont égaux chacun à chacun.

27. Dans quelque triangle que ce soit, un côté est plus petit que la somme des deux autres. Deux droites menées d'un point intérieur d'un triangle aux extrémités d'un des côtés de ce même triangle formeront une somme moindre que celles des deux autres côtés.

28. Les angles opposés aux côtés égaux sont égaux dans un triangle isocèle. Deux angles dans un triangle étant égaux, les côtés opposés seront égaux et le triangle sera isocèle.

29. Le plus grand côté d'un triangle est celui qui est opposé à l'angle le plus grand et réciproquement.

30. D'un point donné hors d'une droite on ne peut mener qu'une perpendiculaire à cette droite. La ligne perpendiculaire mesure la vraie distance d'un point à une ligne, puisqu'elle est plus courte qu'une ligne oblique, et celle-ci sera d'autant moins longue qu'elle se rapprochera plus de la perpendiculaire. D'un même point, on ne peut

mener à une même ligne droite trois droites égales.

31. Une perpendiculaire élevée sur le milieu d'une droite aura chacun de ses points également distants des deux extrémités de la ligne, et tout point pris en dehors de la perpendiculaire sera nécessairement plus éloigné d'une extrémité que de l'autre.

32. Les triangles rectangles qui auront l'hypothénuse égale et un côté égal seront égaux.

33. La somme des trois angles d'un triangle ne saurait être plus grande que deux angles droits, et elle se trouve nécessairement toujours égale à deux angles droits.

34. L'addition ou somme de tous les angles d'un polygone est égale à autant de fois deux angles droits qu'il y a d'unités moins deux dans le nombre des côtés.

35. Deux lignes droites parallèles à une troisième, sont parallèles entre elles. Deux lignes droites faisant avec une troisième deux angles intérieurs dont la somme est égale à deux angles droits, sont parallèles. Si le contraire existe, c'est-à-dire, si la somme des deux angles intérieurs est supérieure ou inférieure à deux angles droits, les lignes ne peuvent être parallèles.

36. La somme des deux angles intérieurs produits par une sécante qui coupe deux parallèles est égale à deux angles droits. Les angles formés par une sécante qui coupe deux parallèles portent divers noms suivant leur position. (*Fig.* 4.) Les angles AGO, GOC sont *intérieurs d'un même côté:* les angles BGO, GOD, ont le même nom: les angles AGO, GOD sont appelés *alternes internes* et aussi *alternes:* les angles BGO, GOC, portent le même nom: les angles EGB, GOB s'appellent *internes externes:* les angles EGB, COF, se nomment *alternes externes.*

37. Deux lignes parallèles à une troisième le sont aussi

l'une par rapport à l'autre. Deux lignes parallèles sont partout également distantes entre elles.

38. Deux angles sont égaux lorsqu'ils ont les côtés parallèles et dirigés dans le même sens. Les côtés d'un parallélogramme sont égaux ainsi que les angles opposés et réciproquement. Tout quadrilatère qui aura deux côtés opposés égaux et parallèles, aura aussi les deux autres égaux et parallèles, et le quadrilatère sera un parallélogramme.

39. La diagonale est une ligne qui joint les sommets de deux angles non adjacents. Dans un parallélogramme, les deux diagonales se coupent en deux parties égales au point d'intersection.

40. Le diamètre divise la circonférence et le cercle en deux parties égales. La corde est nécessairement plus petite que le diamètre. La ligne droite ne peut toucher à la circonférence que sur deux points.

41. Dans des cercles semblables, et à plus forte raison dans le même cercle, les arcs égaux sont soutenus ou soustendus par des cordes égales et réciproquement. De plus grands arcs dans des cercles égaux sont soustendus par des cordes plus grandes et réciproquement.

42. L'arc et la corde qui la soustend sont divisés en deux parties égales par le rayon perpendiculaire à cette corde.

43. Deux circonférences ne peuvent se rencontrer en plus de deux points, car si cela arrivait, elles auraient le même centre, la même circonférence, et se confondraient. Si l'on donne trois points non disposés en ligne droite, on peut toujours y faire passer une circonférence, mais non deux; comme nous venons au reste de le dire. Nous allons ici joindre la démonstration (*Fig.* 6). Disposez trois

points ABC: tirez une ligne droite de A à B et de B à C; élevez sur le milieu de chacune de ces deux lignes une perpendiculaire: le point d'intersection de ces deux lignes sera le centre d'un cercle qu'il sera facile de tracer avec un compas.

44. Des cordes égales sont également éloignées du centre dans le même cercle, et les cordes inégalement éloignées du centre ne sont point égales.

45. La perpendiculaire menée à l'extrémité du rayon est une tangente à la circonférence.

46. Deux lignes parallèles interceptent des arcs égaux.

47. La ligne qui passe par le centre de deux circonférences qui se coupent en deux points est perpendiculaire à la corde qui va d'un point d'intersection à l'autre, et la sépare en deux portions égales.

48. Pour que deux cercles se coupent, il faut que la distance des centres soit plus courte que la somme des rayons, et qu'en même temps le plus grand rayon soit moindre que la somme du plus petit et de la distance des centres. Si, au contraire, la somme des rayons est égale à la distance des centres, les deux cercles se toucheront seulement extérieurement. Si la différence des rayons des deux cercles égale la distance de leurs centres, le plus petit cercle sera compris dans le plus grand, touchant la circonférence intérieurement.

49. Des angles égaux, ayant leur sommet au centre, interceptent dans le même cercle ou dans des cercles égaux des arcs semblables et réciproquement.

50. Deux angles au centre de cercles égaux ou du même cercle qui sont entre eux comme des nombres entiers, interceptent des arcs qui sont entre eux comme ces mêmes nombres. Il en est de même des secteurs.

51. Tout angle inscrit a pour mesure la moitié de l'arc compris entre ses côtés ; il en est de même de l'angle formé par une tangente et une corde.

PROBLÈMES ÉTABLIS SUR LES THÉORÈMES PRÉCÉDENTS.

1. *Elever une perpendiculaire sur une ligne, le point où la perpendiculaire doit tomber étant fixé* (*fig.* 7). A, étant ce point, prendre à égale distance; et des deux côtés d'A, deux points B, C; placer alternativement et sur chacun d'eux la pointe d'un compas ouvert d'une ouverture plus grande que la distance qui existe entre A et B, décrire deux arcs qui se coupent en D, et tirer une ligne DA, qui sera la perpendiculaire demandée.

2. *Diviser la droite donnée AB en deux parties égales* (*fig.* 8). Agir comme ci-dessus, prendre alternativement pour centre les points A et B, mais opérer en dessous comme en dessus et réunir par une droite les deux points DE ; on aura une division exacte de la ligne AB.

3. *Abaisser une perpendiculaire sur une ligne droite, le point étant donné en dehors de cette ligne* (*fig.* 9). Il faut du point A donné, et comme centre, décrire un arc qui coupe la ligne en BD, puis prendre un point E à égale distance de BD et abaisser sur lui la perpendiculaire.

4. *Sur une ligne donnée faire un angle égal à un autre angle* (*fig.* 10). Décrivez entre les deux côtés de l'angle un arc de cercle, en prenant toutefois pour centre le sommet K de l'angle IKL ; puis du point A et d'une ouverture de compas égale à KL, faites un arc de cercle indéfini tel que BO : prenez ensuite avec votre compas un rayon égal à la corde LI, et coupez en partant du point B et en D l'arc BO, vous n'aurez plus qu'à mener une droite de D en A, et vous obtiendrez un second angle BAD égal au premier IKL.

5. *Diviser un arc ou un angle en deux parties égales* (*fig.* 11). Dans le premier cas, des points A et C ouvrant le compas d'une ouverture plus grande que la moitié de la distance qui sépare les deux lettres, décrire deux portions de circonférence qui se coupent en D. Menez ensuite une ligne droite du centre C au point D et l'arc sera divisé en deux parties égales. Si l'arc était isolé et séparé des lignes que l'on voit dans la figure et qui en font un secteur, on pourrait toujours le diviser en opérant sur la corde comme sur une ligne droite ainsi que nous l'avons vu.

Pour diviser un angle, on décrit du sommet C un arc AB et l'on agit comme pour la division de l'arc, division que nous venons d'indiquer.

6. *Un point étant donné au-dessous ou au-dessus d'une ligne droite, mener une parallèle à cette ligne en passant par ce point* (*fig.* 12). Soit BC la ligne droite et A le point donné. Décrire du point A comme centre et d'un rayon suffisant l'arc indéfini EO ; du point E et de la même ouverture de compas décrivez un arc indéfini de A en F ; prenez ensuite sur l'arc indéfini EO un arc égal à AF, vous aurez l'arc ED, et la ligne tirée de A en D sera la parallèle demandée.

7. *Deux angles d'un triangle étant donnés trouver le troisième* (*fig.* 13). Nous avons vu que les trois angles d'un triangle équivalaient à deux angles droits. Il faut donc pour obtenir la solution demandée soustraire de la somme de deux angles droits la somme de deux angles connus, ce qui est facile. On tire une ligne indéfinie DEF, on fait au point E l'angle DCE qui égale A, puis l'angle CEH qui égale B, et l'angle restant HEF sera l'angle nécessaire à connaître pour construire le triangle.

8. *Deux côtés et un angle d'un triangle étant donnés,
construire ce triangle (fig. 14)*. On doit d'abord tirer une
ligne indéfinie DF, la couper en D par une ligne oblique
placée dans un écartement semblable à celui de l'angle
donné A ; puis partant du sommet de l'angle, mesurer sur
la ligne DE la longueur de la ligne B, et sur la ligne DF
celle de la ligne C : on aura GDH. Réunissant alors par
une ligne les points GH on aura le triangle.

9. *Deux angles et un côté d'un triangle étant donnés,
construire le triangle (fig. 15)*. Si les angles sont adjacents
au côté donné, l'opération est très-facile : il suffit d'établir le côté connu, faisant à chacune de ses extrémités
l'angle donné et prolongeant les côtés inconnus de chaque
angle jusqu'à ce qu'ils se coupent. Le point d'intersection
étant l'angle demandé, le triangle est formé. Si, au contraire, l'angle est opposé au côté, au lieu d'être adjacent,
on trouve l'angle adjacent inconnu en procédant comme
nous l'avons dit au problème 7.

10. *Construire le triangle, les trois côtés étant connus.*
(*Fig.* 16.) Tracez un des côtés A, ce qui donnera la ligne
DE, puis de l'extrémité de cette ligne et d'une ouverture
égale au côté B, décrire un arc que l'on coupera ensuite
d'un second arc, plaçant pour celui-ci la pointe du compas sur D ; ayant soin alors que l'ouverture soit égale au
côté C, du point d'intersection F tirer DF, EF, et le triangle sera décrit.

11. *Deux côtés d'un triangle étant donnés ainsi que
l'angle opposé à l'un des deux côtés, construire le triangle. (Fig.* 17.) Ce problème peut se présenter avec diverses conditions, ce qui nous force à indiquer plusieurs
modes de résolution. Les côtés A et B sont connus ainsi
que l'angle C opposé à B. Si donc l'angle C est droit ou

2.

obtus, on fera l'angle EDF égal à C; ensuite on prendra DE égal au côté A, puis du point E qui servira de centre et d'une ouverture égale au côté B connu, on décrira un arc qui coupera en F la ligne DF, et réunissant E à F on aura le triangle cherché. Le côté B, qui nécessairement, est l'hypothénuse, puisqu'il est opposé à l'angle le plus grand du triangle, doit être le plus grand côté.

L'angle donné serait-il aigu, si B (*fig.* 18) est plus grand que A, on peut toujours opérer comme nous venons de le dir

Mais si e côté B (*fig.* 19), est moindre que celui A, et si l'angle opposé C est aigu, l'arc décrit du centre E, avec le rayon EF qui égale B, coupera le côté DG en deux points, F et G; il y aura donc alors deux triangles qui satisferont également au problème.

12. *Ayant les côtés adjacents d'un parallélogramme et l'angle qu'ils comprennent, tracer le parallélogramme.* (*Fig.* 20.) Soit les côtés adjacents A et B, ainsi que l'angle C qu'ils comprennent; tracez une ligne DE, égale au côté adjacent A; placez au point D l'angle EDF égal à C; faites le côté ajacent DF égal à B et décrivez du point F, comme centre, un arc, prenant pour rayon le côté DE; puis décrivez un second arc du point E comme centre et d'une ouverture de compas égale à DF; du point d'intersection de ces deux arcs, point que nous nommerons G, menez une droite à F et une autre à E, et le parallélogramme demandé sera trouvé. Il est facile de concevoir que ce que nous venons de dire s'applique à toute espèce de parallélogramme, qu'il soit rectangle ou non : ainsi l'angle C donné étant rectangle, il résulterait de la construction un parallélogramme rectangle.

13. *Trouver le centre d'un cercle ou d'un arc.* (*Fig.* 21.)

Il faut prendre dans la circonférence trois points A, B, C, réunir AB par une ligne droite ou corde, BC par une ligne semblable ; traverser chacune de ces cordes dans son milieu par une perpendiculaire DE et FG ; le point d'intersection O des deux perpendiculaires prolongées suffisamment, sera le centre du cercle. La même marche peut-être suivie pour faire passer une circonférence par trois points donnés, ABC.

14. *Mener une tangente à un cercle.* (*Fig.* **22.**) Il est deux modes d'opérer, suivant que le point donné se trouve sur la circonférence ou en dehors de celle-ci ; dans le premier cas, on tire un rayon du centre au point donné et on abaisse une perpendiculaire à l'extrémité du rayon. La perpendiculaire est la tangente demandée. Si, au contraire, le point donné A (*fig.* **23**), est hors du cercle, il faut le joindre au centre C de celui-ci, par une ligne droite. Cette ligne est ensuite divisée en deux portions égales, au point O qui devient centre, d'où l'on décrit d'une ouverture de compas, égale à OC, une circonférence qui coupera la circonférence donnée en B et en D. Réunissant alors l'un ou l'autre de ces derniers points à celui donné A, on aura deux tangentes à la circonférence.

15. *Dans un triangle donné inscrire un cercle.* (*Fig.* **24.**) Il suffit pour cela de diviser chacun des angles en deux parties égales par des lignes droites et prendre pour centre le point d'intersection de ces trois lignes.

16. *Décrire un segment capable d'un angle donné sur une droite donnée.* (*Fig.* **25.**) Nous expliquerons ce problème en changeant son énonciation ; trouver un segment tel que tous les angles qui y seront inscrits soient égaux à l'angle donné. Soit la droite donnée AB et l'angle donné

C; prolongez vers D la droite AB, puis au point B faites l'angle DBE égal à C. Tirez une perpendiculaire BO sur BE, et GO sur le milieu de la ligne AB. De O, comme centre, et d'une ouverture égale à OB, décrivez une circonférence, et le segment demandé sera AMB; car la corde AM sera égale au côté BE.

17. *Lorsque deux lignes ont une mesure commune, trouver le rapport numérique entre les deux lignes.* Le moyen est bien simple : il suffit de porter la ligne la plus petite sur la plus grande, et de savoir combien de fois la dernière contient la première. Si cela tombait juste, l'opération serait courte et facile, mais cela doit arriver très-rarement dans la pratique, et presque toujours il reste quelque chose de trop petit dans la grande ligne pour que la ligne la moins longue puisse y être contenue. On doit alors rapporter ce reste évidemment plus petit que la petite ligne sur cette petite ligne, et procéder comme nous l'avons dit pour les lignes entières. Un nouveau reste peut être laissé sur la petite ligne sans que le reste de la grande ligne puisse y être contenu; il faut alors opérer en reportant le reste de la petite ligne sur le reste de la grande. On continue ainsi jusqu'à ce que l'on ait trouvé un reste qui soit renfermé un nombre de fois juste dans le précédent. Ce dernier sera alors le commun diviseur ou la commune mesure des lignes proposées. On voit que cette opération n'est autre chose que celle qui sert en arithmétique à chercher le commun diviseur de deux nombres ou quantités. Nous avons mis pour condition à la résolution de ce problème que les lignes aient une commune mesure, c'est-à-dire qu'aucun reste ne soit trouvé qui ne soit contenu un nombre de fois juste dans le précédent, l'opération ayant été poussée aussi

loin que possible. Si les lignes n'avaient pas une commune mesure, on ne pourrait arriver à un résultat complet, mais seulement au plus approximatif, si l'opération a été poussée bien loin.

18. *Trouver la commune mesure de deux angles donnés et leur rapport en nombre.* Il suffit pour cela de décrire les arcs qui servent de mesures aux angles et de porter ces arcs les uns sur les autres, comme nous venons de le dire des lignes. Le rapport en nombre des arcs sera celui des angles. Il est facile d'obtenir la valeur absolue d'un angle en comparant l'arc qui lui sert de mesure à toute la circonférence. Ainsi, si l'arc est à la circonférencecomme 3 est à 25, l'angle sera les 3/25 de 4 angles droits, ou 12/25 d'un angle droit. Comme tout ce que nous avons dit des lignes se rapporte aussi aux arcs, il en résulte que les arcs doivent avoir une commune mesure pour donner un résultat certain. S'il en était autrement, on n'obtiendrait que des approximations plus ou moins grandes, suivant que l'opération aurait été poussée plus ou moins loin.

DES PROPORTIONS DES FIGURES. — Ici quelques explications préliminaires deviennent nécessaires; nous les rendrons aussi courtes que possible. Les *figures équivalentes* sont celles dont les surfaces sont égales; les *figures égales* appliquées l'une sur l'autre coïncident entre elles sur tous les points; *les figures semblables* ont les angles égaux chacun à chacun et les côtés homologues proportionnels; les côtés *homologues* sont ceux qui occupent la même position dans les deux figures ou qui sont adjacents à des angles égaux. *Arcs semblables, segments semblables, secteurs semblables* sont ceux qui, dans des cercles différents , répondent à des angles au centre égaux.

On appelle *hauteur* d'un parallélogramme la perpendiculaire abaissée de la base supérieure à la base inférieure; la *hauteur* d'un triangle est la perpendiculaire abaissée du sommet d'un angle sur le côté opposé à cet angle, côté que l'on nomme *base*; la hauteur d'un trapèze est la perpendiculaire abaissée d'une des bases parallèles à l'autre; *aire*, indique la surface quand celle-ci est comparée à une ou plusieurs autres.

1. Les parallélogrammes sont équivalents, lorsqu'ils ont des bases égales et des hauteurs égales.

2. Le triangle qui a même base et même hauteur qu'un parallélogramme est la moitié de ce parallélogramme. Les triangles sont équivalents lorsqu'ils ont des bases et des hauteurs égales.

3. Deux rectangles de même hauteur sont entre eux comme leurs bases, et deux rectangles ayant des bases de même grandeur sont entre eux comme leurs hauteurs.

4. Deux rectangles sont toujours entre eux comme les produits des bases multipliés par les hauteurs.

5. L'aire d'un parallélogramme est toujours égale au produit de sa base par sa hauteur.

6. L'aire d'un *triangle* est égale au produit de sa base par la moitié de sa hauteur.

7. L'aire du *trapèze* est égale à sa hauteur multipliée par la moitié du produit de l'addition de ses deux bases parallèles.

8. Le carré fait sur l'hypothénuse d'un triangle rectangle est égal à la somme des carrés faits sur les deux autres côtés. Le triangle rectangle est le seul dans lequel la somme

des carrés des deux côtés soit égale au carré du troisième; en effet, si l'angle compris dans les côtés est aigu, la somme de leur carré sera plus grande que le carré opposé, et moindre si l'angle est obtus.

9. La somme des carrés des côtés est égale , dans tout parallélogramme, à la somme des carrés des diagonales.

10. Une ligne menée parallèlement à la base d'un triangle, et dans ce même triangle, divise les côtés proportionnellement et réciproquement, c'est-à-dire que si les côtés sont coupés proportionnellement , la ligne menée sera parallèle à la base.

11. Une ligne qui divise l'angle d'un triangle en deux parties égales divise la base en deux segments proportionnels aux côtés adjacents.

12. Deux triangles équiangles ont les côtés homologues proportionnels et sont semblables, et réciproquement.

13. Deux triangles qui ont un angle égal compris entre des côtés proportionnels sont semblables.

14. Si deux triangles ont les côtés homologues perpendiculaires chacun à chacun ou parallèles, ils sont semblables.

15. Si, dans un triangle, on mène une ligne droite parallèle à la base , toutes les lignes droites tirées comme on le voudra du sommet de l'angle à la base diviseront proportionnellement la base et la parallèle.

16. Lorsqu'on abaisse une perpendiculaire de l'angle droit d'un triangle rectangle , sur l'hypothénuse de ce même triangle , on obtient deux triangles partiels semblables entre eux et au triangle total; de plus, chaque côté sera moyen proportionnel entre l'hypothénuse et le segment adjacent , et la perpendiculaire sera moyenne proportionnelle entre les deux segments.

17. Deux triangles qui ont un angle égal sont entre eux comme les rectangles des côtés qui comprennent l'angle égal.

18. Deux triangles semblables sont entre eux comme les carrés des côtés homologues.

19. Deux polygones semblables sont composés d'un même nombre de triangles semblables chacun à chacun, et semblablement disposés.

20. Les périmètres des polygones semblables sont comme les côtés homologues, et leurs surfaces comme les carrés de ces mêmes côtés.

21. Les parties de deux cordes qui se coupent dans un cercle sont réciproquement proportionnelles. Si l'on mène des sécantes d'un même point pris hors du cercle à un arc concave, on aura une proportion exacte entre les sécantes entières et les parties placées hors du cercle; si d'un point hors du cercle on mène une tangente et une sécante, la tangente sera moyenne proportionnelle entre la sécante entière et la portion extérieure.

22. Lorsque dans un triangle on divise l'angle en deux parties égales, le rectangle des côtés est égal au rectangle des segments plus au carré de la sécante.

23. Le produit des trois côtés d'un triangle est égal à sa surface multipliée par le double du diamètre du cercle circonscrit, et la surface d'un triangle est égale à son périmètre, multiplié par la moitié du rayon du cercle inscrit.

24. Le rectangle des deux diagonales dans tout quadrilatère inscrit est égal à la somme des rectangles des côtés opposés; les deux diagonales d'un quadrilatère inscrit sont entre elles comme les sommes des rectangles des côtés qui aboutissent à leurs extrémités.

PROBLÈMES RELATIFS AUX THÉORÈMES PRÉCÉDENTS. —
1. *Diviser une ligne donnée en autant de lignes égales que
l'on voudra.* (*Fig.*26). Soit la ligne A B à diviser; de l'extrémité A, mener en G une ligne oblique à A B, prendre
ensuite sur A G, A C d'une grandeur quelconque , et le
porter cinq fois sur la ligne A G ; de l'extrémité G , abaisser une ligne sur B, et tirer une ligne CI parallèle à G,B
on aura AI cinquième partie de la ligne AB qui, portée
cinq fois sur la ligne donnée, la partagera en cinq parties.

2. *Diviser une ligne en parties proportionnelles à des lignes données.* (*Fig.* 27). Soient les lignes données P, Q, R
et la ligne AB à diviser; du point extérieur A, on tirera la
ligne indéfinie A G , on y portera ensuite les lignes
données AC = P, CD = Q; DE = R, et on élevera une
perpendiculaire de E en B ; puis on mènera une ligne
droite de C en I , parallèle à EB, puis de D en K, et on
aura la ligne divisée en parties proportionnelles aux lignes données P, Q, R.

3. *Trouver une quatrième proportionnelle à trois lignes
données.* (*Fig.* 28.) Soient les lignes données ABC. Tirez
les deux côtés DE et DF indéfinis d'un angle quelconque,
prenez ensuite sur DE pour A, DA, pour B, DB et sur
DF, DC pour C. Joignez AC et menez une ligne parallèle
à cette ligne AC, en partant du point B; l'endroit X où
elle tombera sur la ligne DF donnera la proportionnelle
demandée; car BX étant parallèle à AC on aura la proportion suivante : DA est à DB comme DC est à DX;
ainsi les trois premiers termes de la proposition étant
égaux aux trois lignes données , DX ne peut-être que la
proportionnelle cherchée. Il sera facile de trouver la
troisième proportionnelle aux deux lignes données A,B ,

car elle sera égale à la quatrième proportionnelle aux trois lignes A,B,C.

4. *Trouver la moyenne proportionnelle entre deux lignes données.* (*Fig.* 29.) Soient les lignes données A et B. Tracez une ligne indéfinie et prenez sur elle les deux lignes données A et B ; nous représenterons la première par DE et la seconde par EF. Décrivez ensuite une demi-circonférence dont DF sera le diamètre et élevez sur E une perpendiculaire qui rencontrera la circonférence en G. La ligne EG sera la moyenne proportionnelle et cela parce que la perpendiculaire abaissée de la circonférence sur le diamètre est moyenne proportionnelle entre les deux segments du diamètre et que ces deux segments sont égaux aux lignes données.

5. *Diviser une ligne donnée en deux parties, de manière que la plus grande soit moyenne proportionnelle entre la ligne entière et l'autre partie.* (*Fig.* 30.) La ligne donnée est AB : à l'extrémité B il faut élever une perpendiculaire BC égale à la moitié de la longueur de la ligne AB ; décrivez ensuite une circonférence du point C comme centre et d'une ouverture de compas égale à BC ; tirez ensuite la ligne AC qui pénétrera dans le cercle et tracez l'arc mesure de l'angle FAD , la ligne AB sera divisée en F comme il est demandé ; ce mode de division se nomme *en moyenne et dernière raison.*

6. *Faire un carré équivalent à un parallélogramme ou à un triangle donné.* (*Fig.* 31.) Dans le premier cas nous avons le parallélogramme ABCD qui a pour base AB et pour hauteur DE. On cherche alors comme nous l'avons dit dans le problème 4 la moyenne proportionnelle XY, puis on fera le carré sur XY trouvée et l'on aura un carré équivalent au parallélogramme donné. Dans le second

cas, (*fig,* 32,) le triangle ABC étant donné, BC sera la base et AD la hauteur. On prendra la moyenne proportionnelle XY entre BC et la moitié de AD, puis l'on construira sur elle un carré qui sera équivalent au triangle ABC.

7. *Sur une ligne donnée faire un rectangle équivalent à un rectangle donné.* (*Fig.* 33.) Soient AD la ligne donnée et le rectangle donné ABCF, il faut chercher une quatrième proportionnelle aux trois lignes AD, AB, AC; ce sera AX. Or, le rectangle établi sur AD et sur AX sera proportionnel au rectangle donné.

8. *Construire un triangle équivalent à un polygone donné,* (*Fig.* 34.) ABCDE. On doit tirer la diagonale CE qui donne le triangle CDE; du point D il faut mener une parallèle DF à CE jusqu'à ce que l'on trouve la ligne AE prolongée : on joint CF et le polygone donné sera équivalent à celui ABCF qui a un côté de moins. Si on retranche l'angle B en remplaçant le triangle ABC par l'équivalent AGC, on aura le triangle GCF équivalent au polygone donné ABCDE. On conçoit que ce mode d'opérer peut s'appliquer à toute sorte de figure. Dans un problème précédent nous avons vu que l'on pouvait changer un triangle en carré équivalent, on pourra donc toujours obtenir un carré équivalent à toutes figures rectilignes, ce qu'on appelle *carrer* ou trouver la *quadrature.*

9. *Trouver un carré qui soit égal à la somme de deux autres carrés donnés.* Ce problème est bien facile à résoudre, il suffit de se rappeler ce que nous avons dit du carré de l'hypothénuse qui, dans un triangle rectangle, est égal à la somme des deux autres carrés. On trace donc les deux lignes données en les plaçant à angles droits et de manière à en faire les deux côtés d'un triangle rectangle, on ferme

ce triangle en tirant l'hypothénuse et le carré de celle-ci devient la somme des deux autres carrés ayant pour base les deux autres côtés.

10. *Trouver un carré égal à la différence qui existe entre deux carrés donnés.* (*Fig.* 35.) Établissez le triangle rectangle GED, comme dans le problème précédent, de sorte que le petit côté se trouve perpendiculaire au grand côté; prolongez le grand côté indéfiniment du côté de H, puis du point G comme centre et d'une ouverture de compas égale au grand côté, coupez en H la ligne ED prolongée; et du point G menez une ligne en H, le carré fait sur EH sera la différence entre les carrés élevés sur A et sur B.

11. *La ligne M et la ligne N étant données ainsi que le carré ABCD, construire un carré qui soit au carré donné comme la ligne M est à la ligne N. (Fig.* 36.) Tirez une ligne indéfinie, et prenez sur cette ligne EF égale à M et FG égale à N; trouvez ensuite le milieu de cette ligne EG, et la prenant pour diamètre, décrivez une demi-circonférence, élevez ensuite une perpendiculaire sur le point F, et de son extrémité H menez deux cordes HG, HE, prolongées au-delà du diamètre, puis prenez sur HG, HK égal au côté AB du carré donné, et du point K conduisez KI parallèle à EG: cette ligne KI sera le côté cherché du carré à construire.

12. *Décrire sur le côté FG, homologue à AB, un polygone semblable au polygone donné ABCDE. (Fig.* 37.) Tirez dans le polygone donné les diagonales AC, AD; en F, du côté donné, faites l'angle GFH semblable à BAC, et en G, l'angle FGH semblable à ABC: vous aurez FGH semblable à ABC; opérant de même on construira sur FH homologue à AC un triangle FIH semblable à ADC, et sur

FI homologue à AD, un triangle FIK semblable à ADE. Le polygone obtenu sera semblable à celui donné. On peut au moyen de ce problème et de ceux qui précèdent résoudre les deux suivants : deux figures semblables étant données, construire une figure semblable qui soit égale à leur somme ou à leur différence : construire une figure semblable à une figure donnée et qui soit à cette figure dans un rapport donné.

13. *Construire une figure semblable à la figure P et équivalente à la figure Q.* (*Fig.* 38.) Cherchez le côté M du carré équivalent à la figure P et le côté N équivalent à la figure Q. Cherchez ensuite X, quatrième proportionnelle aux trois lignes M, N et AB, et sur ce côté X homologue à AB, décrivez une figure semblable à celle P, elle sera de plus équivalente à la figure Q.

14. *Construire un rectangle équivalent à un carré donné, et dont les côtés adjacents donnent une somme donnée.* (*Fig.* 39). Soient C le carré donné et AB la somme donnée des côtés adjacents : sur cette ligne AB, comme diamètre, décrivez une demi-circonférence ; tirez ensuite à ce diamètre une parallèle DE, éloignée d'une distance égale au côté du carré donné, puis abaissez, du point E où la parallèle rencontre la demi-circonférence, une perpendiculaire qui tombe en F, et vous aurez alors AF et FB, côtés du rectangle demandé.

15. *Construire un rectangle équivalent à un carré et dont les côtés adjacents aient entre eux la différence donnée.* (*Fig.* 40.) Soient C le carré donné et AB la différence donnée : tracez cette différence et la prenant pour diamètre, décrivez une circonférence ; menez ensuite une tangente AD égale au côté du carré C ; puis du point D par

le centre O, tirez une sécante DF; on aura DE et DF
pour côtés adjacents du rectangle demandé.

16. *Trouver la mesure commune entre la diagonale et
le côté du carré*. Il n'y a pas de commune mesure entre
ces deux lignes et l'on ne peut qu'approcher le plus près
possible de la solution par une longue série d'opérations
qui finissent par ne laisser qu'un reste presque indifférent. Cette vérité se démontre par l'arithmétique, puisque les deux lignes sont entre elles comme racine carrée
de 2 est à 1; mais encore d'une manière plus claire par la
résolution géométrique.

DES POLYGONES RÉGULIERS ET DE LA MESURE DU CERCLE.
Polygone régulier est celui qui est équiangle et équilatéral. Il est régulier quelque soit le nombre de ses côtés.

1. Deux polygones réguliers d'un même nombre de côtés sont semblables.

2. Tout polygone régulier peut être inscrit dans un cercle ou lui être circonscrit.

3. L'aire d'un polygone régulier est égale à son périmètre multiplié par la moitié du rayon du cercle inscrit.

4. Les périmètres des polygones réguliers d'un même
nombre de côtés sont comme les rayons des cercles circonscrits et aussi comme ceux des cercles inscrits. Les
surfaces de ces mêmes polygones sont comme les carrés
de ces mêmes rayons.

5. Toute ligne courbe ou polygonale qui enveloppe
d'une extrémité à l'autre une ligne convexe, est plus longue que la ligne enveloppée.

6. Deux circonférences concentriques étant données,
on peut toujours inscrire dans la plus grande un polygone
régulier dont les côtés ne rencontrent pas la plus petite;

et on peut aussi circonscrire à la plus petite un polygone régulier dont les côtés ne rencontrent pas la grande ; de sorte que, dans l'un et dans l'autre cas, les côtés du polygone décrit seront renfermés entre les deux circonférences.

7. Les circonférences des cercles sont comme les rayons et leurs surfaces comme les carrés des rayons.

8. L'aire du cercle ou sa surface est égale au produit de sa circonférence par la moitié de son rayon.

9. Entre tous les triangles de même base et de même périmètre, le triangle plus grand est celui qui a les deux côtés non déterminés égaux.

10. De tous les polygones formés avec les côtés donnés, le plus grand est celui qu'on peut inscrire dans un cercle.

11. De tous les polygones d'un même nombre de côtés et du même périmètre, le plus grand est le régulier.

12. De deux polygones réguliers, du même périmètre, le plus grand est celui qui a le plus grand nombre de côtés.

13. Le cercle est plus grand que tout polygone du même périmètre.

14. Deux angles au centre, mesurés dans deux cercles différents, sont entre eux comme les arcs compris divisés par leurs rayons.

15. L'ellipse est égale en surface à un cercle qui aurait pour diamètre la demie somme de son grand et de son petit axe.

16. La parabole a pour mesure les deux tiers d'un rectangle produit par la base multipliée par la hauteur de l'axe de la parabole.

PROBLÈMES TIRÉS DES THÉORÈMES ET DES LEMMES PRÉ-

CÉDENTS. — I. *Dans une circonférence donnée inscrire un carré.* (*Fig.* 41.) Tirez deux diamètres AC, BD, se coupant à angles droits, réunissez les extrémités ABCD de ces diamètres par des lignes droites, et vous aurez le carré inscrit. Le côté du carré inscrit est au rayon comme la racine carrée de deux est à un.

2. *Dans une circonférence donnée, inscrire un hexagone et un triangle équilatéral.* Pour inscrire un hexagone régulier, il faut porter le rayon six fois sur la circonférence donnée et l'on aura l'hexagone. En joignant alternativement les sommets des angles de l'hexagone inscrit, on aura le triangle équilatéral. Le côté du triangle équilatéral inscrit est au rayon comme la racine carrée de trois est à un.

3. *Dans un cercle donné inscrire un décagone régulier, ou un pentagone, ou un pentédécagone.* (*Fig.* 42.) Diviser le rayon AO en moyenne et extrême raison au point M, tracer la corde AB, égale au plus grand segment OM, et cette corde sera le côté du décagone régulier qu'il faudra porter dix fois sur la circonférence. En joignant alternativement les sommets des angles du décagone, on formera le pentagone régulier ACEGI. AB étant le côté du décagone et AL celui de l'hexagone, l'arc BL sera un quinzième de la circonférence, et la corde de cet arc sera le côté du pentédécagone ou polygone régulier de quinze côtés. Il est facile de concevoir qu'en divisant en parties égales chacun des arcs soustendus par les côtés d'un polygone régulier et soustendant ces nouveaux arcs par de nouvelles cordes, on obtiendra un nouveau polygone d'un nombre double de côtés: ainsi, le carré peut donner les polygones de 8, 16, 32, 64 côtés, etc.; l'hexagone, les polygones de 12, 24, 48, 96 côtés, etc.; le décagone, les

polygones de 20, 40, 80 côtés, etc.; le pentédécagone, les polygones de 30, 60, 120, 240 côtés, etc.

4. *Un polygone inscrit régulier étant donné, circonscrire à la même circonférence un polygone semblable.* (*Fig.* 43.) Soit le polygone donné ABCDEF : menez la tangente GH en T au milieu de l'arc AB, ayant soin qu'elle soit parallèle à la corde qui sous-tend cet arc; opérez de même sur chacun des autres arcs et l'intersection des lignes donnera les angles du nouveau polygone qui sera circonscrit à la circonférence dans laquelle le premier est inscrit. Il est facile de juger que l'on peut aussi facilement inscrire un polygone régulier semblable à un polygone donné circonscrit.

5. *Trouver le rapport approché de la circonférence au diamètre.* Nous avons dit que l'aire ou la surface du cercle est égale au produit de la circonférence par la moitié de son rayon; le problème dont nous demandons la solution n'est autre chose que cette fameuse quadrature du cercle si souvent et si longtemps cherchée sans résultat satisfaisant; mais si le carré, égal en surface à un cercle dont le rayon est connu, n'a pu être jusqu'à cette heure trouvé, puisque l'on n'a pas encore découvert le rapport exact du rayon ou diamètre à la circonférence, on l'a tellement approché que la découverte serait sans utilité pour la pratique; et, « en effet, dit Legendre, Archimède a « prouvé que le rapport de la circonférence au dia- « mètre est comprise entre $3\frac{10}{70}$ et $3\frac{10}{71}$; ainsi $3\frac{1}{7}$ ou « $\frac{22}{7}$ est une valeur déjà fort approchée du rapport de « la circonférence au diamètre, et cette première approxi- « mation est fort en usage à cause de sa simplicité. Mé- « tius a trouvé pour le même nombre la valeur beaucoup « plus approchée $\frac{355}{113}$. Enfin la même valeur déve-

3.

« loppée jusqu'à un certain ordre de décimales a été
« trouvée par d'autres calculateurs 3,14159265358979382,
« etc., et on a eu la patience de prolonger ces décimales
« jusqu'à la cent vingt-septième et même jusqu'à la cent
« cinquantième ; il est évident qu'une telle approxima-
« tion équivaut à la vérité, et qu'on ne connaît pas mieux
« les racines des puissances imparfaites. » Nous ne donnerons pas le moyen d'arriver à ces approximations, car
nous ne faisons point ici un cours de géométrie, mais
bien plutôt un *memorandum*. Nous donnerons seulement
la conclusion formulée par le célèbre mathématicien. La
surface du cercle égale 3,1415926 : il est arrivé là par le
troisième problème, en inscrivant et circonscrivant des
polygones doubles de ceux qui ont servi de souche ou ma-
trice, poursuivant cette multiplication des côtés jusqu'à
ce que le polygone inscrit se confonde avec celui qui est
circonscrit, non à l'œil mais par le calcul. « Voici le cal-
« cul de ces polygones prolongés, jusqu'à ce qu'ils ne
« diffèrent plus dans le septième ordre de décimales.

Nombre de côtés.	Polygone inscrit.	Polygone circonscrit.
4	2,0000000	4,0000000
8	2,8284271	3,3137085
16	3,0614674	3,1825979
32	3,1214451	3,1517249
64	3,1365485	3,1441184
128	3,1403311	3,1422236
256	3,1412772	3,1417504
512	3,1415138	3,1416321
1024	3,1415729	3,1416025
2048	3,1415877	3,1415951
4096	3,1415914	3,1415933
8192	3,1415923	3,1415928
16384	3,1415925	3,1415927
32768	3,1415926	3,1415926

Nous terminerons ce paragraphe important en rappelant qu'Archimède a trouvé pour le rapport approché de la circonférence au diamètre comme 22 est à 7, et Métius, comme 355 est à 113. M. Legendre nous donne ce rapport sous cette formule : le rapport du diamètre à la circonférence = 3,1415926.

DES PLANS ET DES ANGLES SOLIDES. — Le *plan* est une surface dans laquelle, prenant deux points à volonté et joignant ces deux points par une ligne droite, cette ligne est comprise tout entière dans la surface. On appelle *perpendiculaire à un plan* la ligne qui est perpendiculaire à toutes les lignes qui passent par son *pied* dans ce plan ; le plan est alors perpendiculaire à la ligne. Une ligne est *parallèle à un plan,* quand prolongée à l'infini elle ne peut rencontrer ce plan et réciproquement. Placés dans les mêmes conditions deux plans sont parallèles entre eux. Deux plans qui se rencontrent ont pour intersection commune une ligne droite. La quantité plus ou moins grande dont ces plans sont écartés se nomme *angle.* Il peut être aigu, obtus ou droit. On appelle *angle solide* l'espace compris entre plusieurs plans qui se réunissent en un même point. On ne peut former un angle solide si l'on ne réunit au moins trois plans.

1. Une ligne droite ne peut être en partie dans un plan, en partie en dehors. Cette proposition mise en usage a produit la règle que beaucoup d'ouvriers emploient pour juger si une surface est plane ou non.

2. Deux lignes droites qui se coupent sont nécessairement dans un même plan et déterminent la position de ce plan.

3. L'intersection commune de deux plans qui se coupent est une ligne droite.

4. Une ligne droite, qui est perpendiculaire à deux autres qui se croisent à son pied dans un plan, est perpendiculaire à quelque droite que ce soit, menée par son pied dans le même plan, et par conséquent perpendiculaire au plan lui-même.

5. Toutes les lignes obliques également éloignées de la perpendiculaire sont égales, et de deux obliques inégalement éloignées de la perpendiculaire, la plus longue est celle qui s'en écarte le plus.

6. Lorsqu'une ligne est perpendiculaire à un plan, toute ligne qui lui sera parallèle sera perpendiculaire au même plan. Si une ligne est parallèle à une ligne menée dans un plan elle sera parallèle à ce plan.

7. Deux plans perpendiculaires à une même ligne droite sont parallèles entre eux.

8. Les intersections de deux plans parallèles par un troisième plan sont parallèles.

9. La ligne perpendiculaire à un plan est aussi perpendiculaire à un second plan parallèle au premier.

10. Deux plans parallèles comprennent des parallèles égales entre elles.

11. Deux angles non situés dans le même plan, mais ayant leurs côtés parallèles et dirigés dans le même sens, sont égaux et leurs plans sont parallèles.

12. Lorsque trois droites non situées dans le même plan sont égales et parallèles, les triangles formés de part et d'autre par les extrémités de ces droites seront égaux et leurs plans parallèles.

13. Deux droites comprises entre des plans parallèles sont coupées en parties proportionnelles.

14. Lorsque deux plans se traversent mutuellement, les angles opposés au sommet sont égaux et les angles adjacents valent deux angles droits ; il en résulte que si un plan est perpendiculaire à un autre, celui-ci est aussi perpendiculaire au premier. Dans la rencontre des plans parallèles par un troisième plan, on trouve les mêmes égalités d'angles et les mêmes propriétés que dans la rencontre de deux lignes parallèles par une troisième ligne.

15. Lorsque trois droites sont perpendiculaires entre elles, chacune de ces droites est perpendiculaire au plan des deux autres, et les trois plans sont perpendiculaires entre eux.

16. Lorsque deux plans sont perpendiculaires à un troisième, leur intersection commune sera perpendiculaire à ce troisième plan.

17. Si un angle solide est formé par trois angles plans, la somme de deux quelconques de ces angles sera plus grande que le troisième.

18. La somme des angles plans qui forment un angle solide est toujours moindre que quatre angles droits.

19. Si deux angles solides sont composés de trois angles plans égaux chacun à chacun, les plans dans lesquels sont les angles égaux seront également inclinés entre eux.

PROBLÈMES TIRÉS DES PROPOSITIONS PRÉCÉDENTES. —
1. *Les trois angles plans qui forment un angle solide étant donnés, trouver par une construction plane l'angle que deux de ces plans font entre eux.* (*Fig.* 44.) Soit S l'angle solide proposé, dans lequel on connaît les trois angles plans, ASB, ASC, BSC ; on demande l'angle que font entre eux deux de ces plans, par exemple, les plans ASB,

ASC. Pour cela, faites sur un plan les angles B'SA, ASC, B''SC égaux aux angles BSA, ASC, BSC, dans la figure solide : prenez B'S, et B''S égaux chacun à BS, de la figure solide; des points B' et B'' abaissez B'A et B''C perpendiculaires sur SA et SC, lesquelles se rencontrent en un point O. Du point A, comme centre, et du rayon AB', décrivez la demi-circonférence B'*b*E; au point O, élevez sur B'E la perpendiculaire O*b*, qui rencontre la circonférence en *b*, joignez A*b*, et l'angle EA*b* sera l'inclinaison cherchée des deux plans ASC, ASB dans l'angle solide.

2. *Étant donnés deux des trois angles plans qui forment un angle solide avec l'angle que leurs plans font entre eux, trouver le troisième angle plan.* (*Fig.* 44). Soient ASC, ASB', les deux angles plans donnés, et supposons pour un moment que CSB'' soit le troisième angle que l'on cherche, alors en faisant la même construction que dans le problème précédent, l'angle compris entre les plans des deux premiers serait EA*b*. Or, de même que l'on détermine l'angle EA*b* par le moyen de CS*b*'', les deux autres étant donnés, de même on peut déterminer CSB'' par le moyen de EA*b*, ce qui résoudra le problème proposé. Ayant pris SB' à volonté, abaissez sur SA la perpendiculaire indéfinie B'E, faites l'angle EA*b* égal à l'angle des deux plans donnés; du point *b*, où le côté A*b* rencontre la circonférence décrite du centre A et du rayon AB', abaissez sur AE la perpendiculaire *b*O, et du point O abaissez sur SC la perpendiculaire indéfinie OCB'', que vous déterminerez en B'', de manière que SB'' égale SB'; l'angle CSB'' sera le troisième angle plan demandé; car, si on forme un angle solide avec les trois angles plans B'SA, ASC, CSB'', l'inclinaison des plans où sont les angles donnés ASB', ASC sera égal à l'angle donné EA*b*.

Des polyèdres ou des solides terminés par des plans. — Le polyèdre ne peut avoir moins de quatre faces : on nomme *tétraèdre* le polyèdre qui est terminé par quatre plans ; *hexaèdre*, celui qui en a six ; *octaèdre*, celui qui en a huit ; *dodécaèdre*, celui qui en a douze ; *isocaèdre*, celui qui en a vingt, etc. Le polyèdre régulier est celui dont toutes les faces sont des polygones réguliers égaux et dont tous les angles solides sont égaux entre eux ; il ne peut y avoir que cinq polyèdres réguliers, trois formés avec des triangles équilatéraux ; le tétraèdre, l'octaèdre et l'isocaèdre ; un, avec des carrés, l'hexaèdre, que l'on nomme aussi *cube ;* et un avec des pentagones, qui est le dodécaèdre.

Le *prisme* est un solide compris sous plusieurs plans parallélogrammes terminés de part et d'autre par deux plans polygones, égaux et parallèles. Les polygones se nomment les *bases* du prisme, et les plans parallélogrammes constituent la *surface latérale* ou *convexe* du prisme. Ces parallélogrammes pris isolément sont aussi les *côtés* du prisme. La *hauteur* du prisme est la distance qui sépare les deux bases, distance que l'on mesure en menant une perpendiculaire d'un polygone à l'autre. Le prisme est *droit* quand les côtés sont perpendiculaires aux bases ; il est *oblique*, lorsque le contraire existe. La base caractérise le prisme ; ainsi, il est triangulaire, quadrangulaire, pentagonal, etc., suivant que la base est un polygone à trois, quatre ou cinq côtés. Le prisme est appelé *parallélépipède* quand il a pour base un parallélogramme ; toutes ses faces sont alors *parallélogrammatiques.* Cette espèce de prisme est rectangle, lorsque toutes ses faces sont des rectangles. Le *cube* ou hexaèdre est un parallélépipède rectangle compris sous six carrés égaux,

La *pyramide* est le solide ou polyèdre formé , lorsque plusieurs plans partent d'un même point et viennent se terminer aux différents côtés d'un même plan polygonal. Le point de réunion de tous les plans est le *sommet* de la pyramide; le polygone en est la *base*, et l'ensemble des triangles donne *la surface latérale* ou convexe de la pyramide. La hauteur d'une pyramide est la distance qui sépare le sommet de la base, distance que l'on trouve en abaissant une perpendiculaire du sommet sur la base. La base caractérise la pyramide : ainsi elle est triangulaire, quadrangulaire, pentagonale, etc., suivant le nombre des côtés du polygone qui sert de base. Lorsque le polygone est régulier et que la ligne abaissée du sommet au centre de la base est perpendiculaire, la pyramide est dite *régulière*. Dans ce cas, la perpendiculaire abaissée prend le nom *d'axe* de la pyramide.

Deux polyèdres sont *symétriques*, lorsqu'ayant une base commune ils sont construits semblablement , l'un au-dessus du plan de cette base, l'autre au-dessous, si toutefois les sommets des angles solides homologues sont situés à égales distances du plan de la base, sur une même droite perpendiculaire à ce plan. Deux polyèdres sont *semblables*, lorsqu'ayant des bases semblables les sommets des angles solides homologues hors de ses bases sont déterminés par des pyramides triangulaires semblables chacune à chacune. Deux pyramides triangulaires sont semblables quand elles ont deux faces semblables chacune à chacune, semblablement placées et également inclinées entre elles. La *diagonale* d'un polyèdre est la droite qui joint les sommets de deux angles solides non-adjacents. Les *sommets* d'un polyèdre sont les points situés aux sommets de ses différents angles solides.

1. Deux polyèdres ne peuvent avoir les mêmes sommets et en même nombre sans coïncider l'un avec l'autre.

2. Dans deux polyèdres symétriques , les faces homologues sont égales chacune à chacune, et l'inclinaison de deux faces adjacentes dans un de ces solides est égale à l'inclinaison des faces homologues dans l'autre. Il résulte de ceci qu'un polyèdre quelconque ne peut avoir qu'un polyèdre symétrique

3. Deux prismes sont égaux lorsqu'ils ont un angle solide compris entre trois plans égaux chacun à chacun et semblablement placés. Deux prismes droits qui ont des bases égales et des hauteurs égales sont égaux.

4. Tout parallélépipède a des plans opposés égaux et parallèles.

5. Dans tout parallélépipède , les angles opposés sont symétriques l'un de l'autre , et les diagonales menées par les sommets de ces angles se coupent mutuellement en deux parties égales.

6. Un plan qui passe par deux arêtes parallèles opposées divise le parallélépipède en deux prismes triangulaires symétriques l'un à l'autre.

7. Toute section faite dans un prisme paralèllement à sa base est égale à cette base.

8. Tout prisme triangulaire est la moitié du parallélépipède construit sur le même angle solide avec les mêmes arêtes.

9. Lorsque deux parallélépipèdes ont une base commune et que leurs bases supérieures sont comprises dans un même plan et entre les mêmes parallèles, ces deux parallélépipèdes sont équivalents entre eux. Deux parallélépipèdes de même base et de même hauteur sont équivalents entre eux.

10. La solidité d'un parallélépipède est égale au produit de sa base par sa hauteur.

11. La solidité d'une pyramide triangulaire est égale au tiers du produit de sa base par sa hauteur. Comme on peut diviser toute pyramide d'un plus grand nombre de côtés en plusieurs pyramides triangulaires, il en résulte que toute pyramide a pour mesure le tiers du produit de sa base par sa hauteur.

12. Lorsqu'une pyramide est coupée par un plan parallèle à sa base, le tronc qui reste en ôtant la petite pyramide est égale à la somme de trois pyramides qui auraient pour hauteur commune la hauteur du tronc et dont les bases seraient la base inférieure du tronc, sa base supérieure et une moyenne proportionnelle entre ces deux bases.

13. Deux pyramides triangulaires semblables ont les faces homologues semblables et les angles solides homologues égaux.

14. Deux polyèdres semblables ont les faces homologues semblables et les angles solides homologues égaux.

15. Deux polyèdres semblables peuvent se partager en un même nombre de pyramides triangulaires semblables chacune à chacune et semblablement placées.

16. Deux pyramides semblables sont entre elles comme les cubes des côtés homologues. Deux polyèdres semblables sont entre eux comme les cubes des côtés homologues.

17. Tout polyèdre régulier peut être partagé en autant de pyramides régulières que le polyèdre a de faces : le sommet commun de ces pyramides sera le centre du polyèdre qui est en même temps celui des sphères inscrites et circonscrites.

18. La solidité d'un polyèdre régulier est égale à sa surface multipliée par le tiers du rayon de la sphère inscrite.

19. Deux polyèdres réguliers de même nom sont deux solides semblables, et leurs dimensions homologues sont proportionnelles ; donc les rayons des sphères inscrites ou circonscrites sont entre eux comme les côtés de ces polyèdres.

20. Si on inscrit un polyèdre régulier dans une sphère, les plans menés du centre le long des différents côtés partageront la surface de la sphère en autant de polygones égaux et semblables que le polygone a de faces (1).

DE LA SPHÈRE, DU CYLINDRE ET DU CÔNE. — La *sphère* est un solide terminé par une surface courbe, ayant tous ses points également éloignés d'un point intérieur nommé *centre :* le *diamètre* de la sphère est une ligne droite passant par le centre et se terminant des deux extrémités à la surface : le *rayon* est la moitié du diamètre, ou, si l'on veut, une ligne droite menée du centre à la circonférence. Toute section de la sphère faite par un plan est un *cercle ;* on le nomme *grand* lorsqu'il passe par le centre et *petit* lorsqu'il n'y passe pas. Le *pôle* d'un cercle de la sphère est un point de la surface également éloigné de tous les points de la circonférence. Le *triangle sphérique* est celui qui est compris entre trois arcs de grands cercles, arcs nommés *côtés.* Le *polygone sphérique* est une partie de la surface de la sphère terminée par des arcs de grands cercles. La *pyramide sphérique* est la partie du

____

(1) Voir le paragraphe suivant pour ces quatre dernières propositions.

solide de la sphère comprise entre les plans d'un angle solide dont le sommet est au centre ; la *base* de cette pyramide est le polygone sphérique intercepté par ces mêmes plans. Le *segment sphérique* est la portion du solide de la sphère comprise entre deux plans parallèles qui en sont les bases. Si l'un de ces plans est tangent à la sphère, le segment sphérique n'a qu'une base. Le *secteur sphérique* est fait par tout secteur qui tourne autour du diamètre de la sphère. La *zone* est la partie de la surface de la sphère comprise entre deux plans parallèles qui en sont les bases ; si l'un de ces plans est tangent à la sphère, la zone n'a qu'une base.

Le *cylindre* est le solide produit par la révolution d'un rectangle que l'on imagine tourner autour d'un de ses côtés immobiles, côté devenu l'*axe* sur lequel s'opère la rotation. L'axe est toujours perpendiculaire aux bases du rectangle qui décrivent en tournant des plans circulaires égaux que l'on nomme *bases du cylindre*. L'autre côté mobile du rectangle le plus éloigné de l'axe décrit la *surface latérale* ou convexe du cylindre. Toute section faite dans le cylindre parallèlement à l'axe est un cercle égal à chacune des bases. Toute section faite suivant l'axe est un rectangle double du générateur, ou, si l'on veut, de celui qui, en tournant, a composé le cylindre. Lorsque, dans le cercle qui sert de base au cylindre, on inscrit un polygone et que sur ce polygone, devenu base, on élève un prisme droit égal en hauteur au cylindre, le prisme sera circonscrit au cylindre ou le cylindre inscrit dans le prisme.

Le *cône* est le solide produit par la révolution du triangle rectangle, que l'on imagine tourner autour d'un de ses côtés perpendiculaire à un des autres côtés. Le côté immobile se nomme l'*axe* ou la *hauteur* du cône. Le plan circulaire décrit par le côté du triangle qui a servi de base lors de la rotation est la base du cône, et le côté décrit par l'hypothénuse est la *surface convexe* du cône. Le point tracé par l'angle supérieur du triangle rectangle et qui n'est que l'extrémité supérieure de l'axe se nomme le *sommet*. Toute section faite perpendiculairement à l'axe est un cercle ; toute section faite suivant l'axe est un triangle isocèle, double du triangle générateur. Lorsque l'on retranche par une section parallèle à la base une portion supérieure du cône, ce qu'il en reste se nomme le *tronc* du cône ou un *cône tronqué*. Ce tronc a, comme le cône, son *axe* ou sa *hauteur*, son *côté* ou *apothème*, sa *surface convexe*. Il a de plus une seconde *base* supérieure parallèle à l'inférieure et qui remplace le sommet.

Deux cylindres ou deux cônes sont semblables lorsque leurs axes sont entre eux comme les diamètres de leurs bases.

1. Le plus court chemin d'un point à un autre sur la surface de la sphère est l'axe de grand cercle qui joint les deux points donnés.

2. La somme des trois côtés d'un triangle sphérique est moindre que la circonférence d'un grand cercle.

3. Si on mène un diamètre perpendiculaire au plan d'un grand cercle, les extrémités de ce diamètre seront les pôles du cercle et de tous les petits cercles qui lui seront parallèles.

4. Deux triangles situés sur la même sphère ou sur des sphères égales sont égaux dans toutes leurs parties, lorsqu'ils ont un angle compris entre des côtés égaux chacun à chacun.

5. La somme des angles de tout triangle sphérique est

moindre que six et plus grande que deux angles droits.

6. La surface d'un triangle sphérique quelconque a pour mesure l'excès de la somme de ses trois angles sur deux angles droits.

7. La surface d'un polygone sphérique a pour mesure la somme de ses angles, moins le produit de deux angles droits par le nombre des côtés du polygone moins deux.

8. Une surface plane est plus petite que tout autre surface terminée au même contour. Toute surface convexe est moindre qu'une autre surface quelconque qui envelopperait la première en s'appuyant sur le même contour.

9. La solidité d'un cylindre est égale au produit de sa base par sa hauteur.

10. La surface convexe d'un prisme droit est égale au périmètre de sa base par sa hauteur.

11. La surface convexe d'un cylindre est égale à la circonférence de sa base multipliée par sa hauteur.

12. La solidité d'un cône est égale au produit de sa base par le tiers de sa hauteur.

13. La surface convexe d'un cône est égale à la circonférence de sa base multipliée par la moitié de son côté.

14. La surface convexe d'un tronc de cône est égale à son côté multiplié par la demi-somme des circonférences de ses deux bases.

15. La surface de la sphère est égale à son diamètre multiplié par la circonférence d'un grand cercle, car la surface de la sphère est quadruple de celle d'un grand cercle.

16. La surface d'une zône sphérique quelconque est égale à la hauteur de cette zône multipliée par la circonférence d'un grand cercle.

17. Tout secteur sphérique a pour mesure la zône qui

lui sert de base, multipliée par le tiers du rayon, et la sphère entière a pour mesure sa surface multipliée par le tiers du rayon.

18. Tout segment de sphère compris entre deux plans parallèles a pour mesure la demi-somme de ses bases · multipliée par sa hauteur, plus la solidité de la sphère dont cette même hauteur est le diamètre.

19. Tout segment sphérique à une base équivaut à la moitié du cylindre de même base et de même hauteur, plus la sphère dont cette même hauteur est le diamètre.

CHAPITRE III.

Principes généraux de la Trigonométrie.

La Trigonométrie est une partie importante de la Géométrie. Nous ne nous occupons ici que de celle dite *rectiligne*, et toutes les fois que nous-écrirons le mot trigonométrie, nous exprimerons seulement celle qui a pour objet la mesure des triangles formés par des lignes droites. La Trigonométrie sphérique est principalement en usage dans l'astronomie, et par conséquent étrangère à notre travail. La rectiligne au contraire est d'une immense importance pour les arpenteurs, et sans elle on ne saurait connaître la mesure des grandes lignes de triangulation, ni les établir, non plus que les cartes géographiques ou les plans soignés de reconnaissances militaires.

La Trigonométrie enseigne à connaître la mesure d'un angle ou d'un côté d'un triangle rectiligne, lorsque l'on connaît trois des six choses qui constituent un triangle; or, le triangle est composé de côtés et d'angles. Dans les trois choses connues, il doit au moins se trouver un des côtés. Ainsi on pourra toujours trouver la mesure d'un angle ou d'un côté pris dans un triangle, quand on connaîtra trois côtés du triangle ou deux côtés et un angle, ou deux angles et un côté, et *a fortiori* lorsque l'on aura trois angles et un côté, trois angles et deux côtés, ou trois côtés et un angle, ou trois côtés et deux angles. Avant de passer aux règles générales de la Trigonométrie, nous croyons devoir donner la définition de quelques-uns des termes en usage dans la pratique de cette science.

Le *Sinus* est une ligne proportionnelle aux côtés du triangle, ligne qui se tire perpendiculairement de l'extrémité d'un arc sur le rayon ou le diamètre qui passe par l'extrémité du même arc : cette ligne est aussi le sinus de l'angle mesuré par l'arc : on le nomme *Sinus de l'arc*. On peut aussi définir le sinus de l'arc la moitié de la corde qui soustend le double de cet arc. Soit l'arc GA (*Fig.* 45), ayant pour sinus la ligne GH, tirée perpendiculairement de l'extrémité G, sur le rayon CA ou le diamètre BA. La ligne GH est aussi le sinus de l'angle GCA, qui se mesure par l'arc GA. Pareillement la ligne EF est le sinus de l'arc EA et de l'angle ECA ainsi que la ligne GL est sinus de l'arc GD et de l'angle GCD.

Le sinus que nous venons de définir se nomme *sinus droit* ou simplement *Sinus*. On appelle *Sinus verse* la partie du diamètre ou du rayon comprise entre le sinus droit et l'extrémité de l'arc; ainsi, l'arc GA, (*Fig.* 45), dont le sinus droit est GH, a pour sinus verse la partie AH du diamètre; le sinus verse de l'arc EA et de l'angle FCA est la partie FA du diamètre, et celui de l'arc DA et de l'angle DCA est CA. Nous devons observer que, dans ce dernier exemple, les sinus droit et verse sont égaux parce qu'ils appartiennent à des angles de 90 degrés ou droits.

Nous avons déjà vu que le supplément d'un arc est la différence de cet arc à la demi-circonférence et que le complément d'un arc est la différence de cet arc au quart de la circonférence. Un angle et son supplément ont le même sinus, ce qui n'a pas besoin de démonstration. Le sinus du complément se nomme *Cosinus*; la ligne GL, (*Fig.* 45,) sinus de l'arc GD qui est le complément de l'arc GA, est égale à CH qui est la partie du rayon CA comprise entre le centre C et le sinus GH; de là on peut dire que la partie du rayon comprise entre le centre et le sinus d'un arc terminé par ce rayon est le sinus du complément de cet arc. Il en est de même pour les angles. Le sinus verse DL a son *Cosinus verse* qui est AH. Le sinus d'un arc qui est le quart de la circonférence est le rayon, et se nomme *Sinus total,* parce qu'il est le plus grand de tous.

Pour faciliter la mesure de la circonférence ou de ses fractions, on l'a divisée en 360 parties égales nommées *degrés;* chacun de ceux-ci a été partagé en 60 *minutes* et la minute en 60 *secondes,* etc. On a proposé de substituer à cette ancienne division celle par nombres décimaux, et de donner alors à la circonférence 400 degrés et à chaque degré 100 minutes, à chaque minute 100 secondes, etc. Nous ne nierons pas l'avantage de cette division décimale, mais elle est peu employée, et nous suivrons l'ancienne, pour être compris des praticiens et pour nous mettre d'accord avec la division que portent les instruments les plus en usage. Les signes suivants sont ordinairement employés pour simplifier les travaux graphiques : degré°, minute', seconde'', etc.

Nous allons en peu de mots dire ce que sont les *Tangentes* et les *Sécantes*, renvoyant pour de plus amples détails aux principes généraux de géométrie. La tangente de l'arc AH (*Fig.* 46), ou de l'angle ACH, est la ligne AF tirée perpendiculairement de l'extrémité du rayon CA, et terminée de l'autre côté par le rayon prolongé CHF. La sécante du même arc et du même angle est le rayon prolongé CHF, terminé par la tangente. Dans la même figure, AE est la tangente de l'angle ACA et de l'arc AC, et CE en est la sécante. La *Cotangente* est la tangente du complément d'un arc ou d'un angle. La *Cosécante* est la sécante du complément. La tangente de 45° est égale au rayon; la tangente d'un arc et celle de son supplément sont égales; la sécante de 90° est égale au diamètre.

Dans le calcul des triangles on n'emploie pas l'angle mais bien le sinus de l'angle, et l'on se base sur cette ligne pour obtenir la mesure de l'angle et par suite celle du triangle. Nous ne donnerons point ici le moyen fort long d'établir des tables de sinus, de tangentes et de sécantes, non plus que celle des logarithmes des sinus; ce moyen ressort de tout ce que nous avons dit précédemment. Nous dirons seulement que les tables qui renferment les logarithmes des sinus et ceux des nombres naturels sont les seules en usage. Les plus étendues vont jusqu'à 20,000, mais les plus ordinaires ne s'étendent pas au-de-là de 10,000. Toutes ces tables sont précédées d'instructions que nous ne répéterons point dans cet ouvrage. Les tables de logarithmes des sinus et des nombres naturels les plus commodes pour les arpenteurs sont celles établies par M. Delalande, petit format, elles vont de 1 à 10,000.

1. Dans tout triangle rectangle, le sinus total ou rayon est au sinus d'un des angles du triangle comme l'hypothénuse est au côté opposé à cet angle.

2. Le rayon est moyen proportionnel entre le sinus d'un arc et la sécante de son complément.

3. Le rayon est moyen proportionnel entre la tangente d'un arc et celle de son complément.

4. Dans tout triangle, les sinus des angles sont entre eux comme les côtés opposés à ces angles.

5. Lorsque deux quantités sont inégales, la plus grande est égale à la moitié de la somme, plus à la moitié de la différence; et la plus petite est égale à la moitié de la somme moins la moitié de la différence.

6. Dans tout triangle qui n'est pas équilatéral, si l'on prend deux côtés égaux, la somme de ces deux côtés est à leur différence comme la tangente de la somme des angles opposés aux deux côtés est à la tangente de la demi-circonférence de ces angles.

7. Dans un triangle scalène, le grand côté est à la somme des deux autres comme la différence de ces deux est à la différence des segments du grand côté, divisé par la perpendiculaire tirée de l'angle opposé.

8. Dans tout triangle rectangle, le rayon est à la tangente d'un des angles aigus comme le côté adjacent à cet angle est au côté opposé.

9. Dans tout triangle rectiligne, le cosinus d'un angle est au rayon comme la somme des carrés des côtés qui comprennent cet angle, moins le carré du troisième côté, est au double rectangle des deux premiers côtés.

10. Dans tout triangle, le plus grand angle est toujours opposé au plus grand côté, et réciproquement.

PROBLÈMES TIRÉS DES PROPOSITIONS PRÉCÉDENTES. Triangles obliquangles. — 1. *Connaissant deux angles et un côté d'un triangle, trouver les deux autres côtés.* (*Fig.* 47). Soit le triangle BAC, dont on connaisse les deux angles B et C et le côté BC. La somme des trois angles du triangle étant nécessairement 180°, l'angle cherché sera donc la différence qui existe entre la somme des deux angles connus et le chiffre 180°. On cherchera ensuite le sinus de chacun des angles dans la table des sinus, et on fera la proportion suivante : le sinus de l'angle A est au côté BC comme le sinus de l'angle C est au côté AB, ce qui s'écrit ainsi, représentant le mot *sinus* par la lettre S ; SA : BC : : SC : AB. Ayant trois termes de cette disposition connus, on aura facilement le quatrième. Pour le côté AC, on établira : SA : BC : : SB : AC. Ici s'applique également la réflexion que nous venons de faire ci-dessus. Si on suppose donc l'angle B de 45° 24' et l'angle C de 71° 42', on aura pour l'angle A 62° 54'. Si on suppose aussi le côté BC de 2160 mètres, la proportion sera celle-ci : 89,021 : 2160 : : 94,943 : X ; le premier terme de la proportion est le sinus de l'angle A, le second est le côté BC connu, le troisième est le sinus de l'angle C ; enfin le quatrième X représente le côté AB qu'il faut chercher par une règle de trois : en le faisant, on obtient pour résultat ou quotient presque 2304, ce qui donne pour le côté AB environ 2304 mètres. Le moyen que nous venons d'indiquer est fort long, et nous ne l'avons exposé que pour rendre la solution complète. Voici maintenant la méthode simplifiée par l'emploi des logarithmes. Les logarithmes des trois premiers termes de la première proportion SA : BC : : SC : AB sont 994949, 333445, 997746 : on additionne les deux moyens et, de leur somme 1331191 on retranche le premier logarithme 994949 : le reste sera 336242, qui est le logarithme du côté AB. Cherchant donc ce nombre dans la table des nombres naturels, on trouvera qu'il approche plus du logarithme de 2304 que de tout autre ; le côté AB contient donc environ 2304 mètres. Nous avons supprimé les deux derniers chiffres des logarithmes des trois premiers termes de la proportion première, parce que cette suppression, tout en abrégeant le calcul, ne peut point entraîner à des erreurs sensibles. Le côté AC se cherche par les procédés que nous avons indiqués pour celui AB et que nous ne répéterons pas. Le résultat de l'opération est pour le côté AC, 1728 mètres. Nous ajouterons à ce travail deux remarques, la première, que l'angle peut être obtus et alors ne pas se trouver dans la table ; ainsi pour en obtenir le sinus on cherchera le supplément qui, comme on le sait, a le même sinus que l'angle dont il est le supplément ; ainsi, le supplément ayant 60°, l'angle aura 120°, mais le sinus sera le même pour les deux. La deuxième remarque est celle-ci, que toutes les fois que l'on voudra placer le terme cherché comme quatrième terme de la proportion, on devra, si on cherche un côté, commencer la proportion par le sinus de l'angle opposé à un côté connu ; et, si on cherche un sinus, établir pour premier terme un côté opposé à un angle connu.

2. *Connaissant deux côtés d'un triangle et l'angle compris entre ses côtés, trouver les deux autres angles et le troisième côté*. (6° théorème). Soit le triangle BAC, dont on connaisse le côté AB, le côté AC et l'angle A compris entre ces côtés. Pour trouver les deux angles B et C, on établirait la disposition suivante, la somme des côtés connus AB + AC est à leur différence comme la tangente de la

moitié de la somme des angles C et B est à la tangente de
la moitié de la différence de ces angles. Ici nous connais-
sons les trois premiers termes de la proportion, on trouvera donc le quatrième qui est la tangente de la moitié de
la différence des angles B et C: cette tangente fera connaître par le moyen des tables l'angle qui est la moitié de
la différence des angles inconnus. Or, en ajoutant cet angle à la moitié de la somme des angles inconnus, on aura
(cinquième proposition) l'angle C qui est le plus grand,
et en ôtant ce même angle de la moitié de la somme on
aura l'angle B qui est le plus petit des angles inconnus:
il ne restera plus qu'à chercher le côté BC par la méthode
indiquée dans le premier problème. Si les deux côtés qui
comprennent l'angle connu étaient égaux, les angles qui
leur seraient opposés seraient aussi égaux et, sans faire la
proportion ci-dessus indiquée, on connaîtrait la mesure de
chacun de ces angles: par exemple, si l'angle compris entre les côtés égaux est de 50°, la somme des autres qui
sont égaux entre eux sera de 130° ou 65° pour chacun
d'eux.

3. *Connaissant deux côtés d'un angle et l'angle opposé
à un de ses côtés et de plus sachant de quelle espèce est
l'angle opposé à l'autre côté, trouver les deux angles inconnus et le troisième côté.* (*Fig.* 47). Soit le triangle
ABC, dont on connaisse les deux côtés AB et AC et l'angle B opposé au côté connu AC, et que l'on sache aussi de
quelle espèce est l'angle C opposé à l'autre côté connu
AB: nous entendons par le mot *espèce* la condition de
l'acuité ou de l'obtusité de l'angle; car il n'est point nécessaire de connaître sa mesure ou le nombre de degrés
qu'il renferme. Pour arriver au résultat cherché, on
établira la proportion suivante, AC : SB : : AB : SC. Les

trois premiers termes étant connus, on trouvera le quatrième qui est le sinus de l'angle C. Le sinus d'un angle aigu pouvant convenir à son supplément, qui forme angle obtus, on se trouverait dans l'impossibilité d'obtenir une solution, si l'on ne savait à l'avance de quelle espèce est l'angle C, c'est-à-dire, s'il est aigu ou obtus. Deux angles étant alors connus dans le triangle, on aura facilement la valeur du troisième et l'on trouvera le troisième côté comme il a été dit plus haut.

4. *Étant donnés les trois côtés d'un triangle trouver chacun des trois angles.* (*Fig.* 48.) On retranche successivement, de la moitié de la somme des trois côtés chacun des deux côtés qui comprennent l'angle cherché, et l'on aura deux restes qui serviront à établir la proportion suivante : le produit des deux côtés qui renferment l'angle cherché est au produit des deux restes comme le carré du rayon est au carré du sinus de la moitié de l'angle cherché : ce que nous allons faire en employant les logarithmes. Ajoutez les logarithmes des deux restes au double du logarithme du rayon, et soustrayez du tout la somme des logarithmes des deux côtés qui renferment l'angle cherché : la moitié de ce reste sera le logarithme de ce sinus ; vous chercherez dans les tables et vous aurez la moitié de l'angle qu'il faudra doubler. Pour rendre ceci plus sensible nous allons donner un exemple : additionnez la valeur des trois côtés du triangle ABC et de la moitié de leur somme 108 mètres, retranchez successivement 75 mètres et 86 mètres, côtés de l'angle C que l'on veut reconnaître, vous aurez 33 mètres et 22 mètres pour restes, dont les logarithmes 1518514 et 1342423 étant ajoutés à 20000000, double du rayon, on aura 22860937, duquel retranchant la somme 3809559 des logarithmes 1875061

et 1934498 des côtés 75 et 86, il restera 19051378, dont la moitié 9525689 est le logarithme du sinus de la moitié de l'angle C : on trouvera dans les tables que cette moitié est de 19° 36', dont le double est 39° 12' pour l'angle C. Pour trouver les autres angles on opérera comme nous l'avons déjà indiqué.

5. *Etant donnés les trois côtés d'un triangle, connaitre la superficie de ce triangle*. Soit un triangle quelconque dont les trois côtés soient connus : ainsi l'un deux aura 10 mètres de longueur, le second 8 mètres et le troisième 6 mètres; on les ajoutera les uns aux autres et on prendra la moitié de leur somme, c'est-à-dire 12 : on soustraira de ce chiffre et successivement chacun des côtés et l'on aura les trois restes 6, 4, 2, qui, multipliés l'un par l'autre, donneront pour produit 48 : en multipliant de nouveau ce produit par la moitié de la somme des trois côtés (12) on obtiendra 576, dont la racine carrée 24 mètres est la mesure cherchée de la superficie du triangle.

Triangles rectangles. Nous croyons devoir répéter ici une proposition que nous avons énoncée dans le chapitre consacré à la géométrie : que le grand côté d'un triangle rectangle opposé à l'angle droit se nomme hypothénuse, et que le carré élevé sur ce côté est égal à la somme des carrés élevés sur les deux autres côtés. 1° *Etant donnés les deux côtés de l'angle droit, trouver le troisième côté ou hypothénuse*. Soit le triangle ABC (*fig.* 49), les deux côtés AB et BC ont tous les deux pour mesures connues, le premier 6 mètres, le second 8 mètres : cherchant alors le carré du côté AB, on aura pour produit 36 mètres, et opérant de même sur le second BC, on obtiendra 64 mètres; les ajoutant l'un à l'autre et en tirant la racine carrée, on trouvera 10, racine carrée de 100, produit de l'addition de la valeur des deux côtés : 10 mètres seront donc la mesure de l'hypothénuse.

2. *Etant donnée l'hypothénuse ou grand côté et un autre côté, trouver l'autre côté.* Soit le triangle ABC (*fig.* 49), l'hypothénuse AC de 10 mètres et le côté connu BC de 8 mètres ; on soustraira le carré du côté BC (64 mètres) du carré de l'hypothénuse (100), et la racine carrée du reste 36 étant extraite, on aura 6 mètres, longueur du côté cherché. Les autres problèmes des triangles rectangles ne diffèrent point de ceux des triangles obliquangles. Nous avons cru devoir négliger les moyens algébriques, parce qu'alors nous aurions été entraînés à des explications beaucoup trop longues et malgré cela fort incomplètes. Les principes généraux que nous avons tracés ne pouvant remplacer, pour les arpenteurs, l'étude approfondie des sciences mathématiques et, en particulier, celle de l'arithmétique, de l'algèbre, de la géométrie et de la trigonométrie, nous avons seulement voulu donner un *memorandum*, utile pour fixer et rappeler des connaissances acquises. Cette espèce de nomenclature rapide des principes et des axiômes trouvera son application dans les autres divisions de notre travail.

CHAPITRE IV.

Instruments.

Dans ce chapitre, nous allons décrire tous les instruments nécessaires pour les divers travaux de l'arpenteur : nous serons très-courts dans cette explication, car le plus grand nombre des instruments demandera dans les chapitres subséquents de longs détails sur son emploi.

1. *Jalons*. Ceux-ci sont de diverses sortes, car sous ce nom générique on peut comprendre les *mires* aussi bien que les jalons faits du premier brin de bois venu, aiguisé d'un bout et fendu de l'autre. Ces instruments servent à prendre des alignements, soit perpendiculaires soit horizontaux. La *mire* s'emploie surtout dans les travaux de nivellement, et consiste en une règle de bois plus ou moins longue, qui est pointue à l'extrémité inférieure et porte à celle supérieure un carré de six pouces (16 cent.) sur quatre (11 cent.) coupé dans une volige. Souvent les mires sont peintes, alors la pièce carrée dont nous venons de parler est divisée en deux ou en quatre portions noires et blanches : si elles sont au nombre de deux, l'une est en bas et l'autre en haut ; si, au contraire, on a quatre carrés peints, ceux de la même couleur seront mis aux deux angles opposés. Dans des nivellements de peu d'importance, on se contente de soutenir une mire le long d'un bâton plus ou moins long et placé perpendiculairement ; on fait glisser la mire autant et comme il est nécessaire. Dans les travaux qui doivent durer quelque temps et qui demandent beaucoup d'exactitude, on se sert d'une mire ayant une planchette semblable à celle que nous avons décrite, mais quelquefois un peu plus grande et toujours divisée en quatre parties : cette planchette, montée à l'extrémité d'une règle, est mobile, cette règle entrant à rainure dans un brin de bois ayant une longueur déterminée ordinairement de 2, 3 ou quatre mètres : des divisions sont établies afin que l'on ait, par un simple coup-

d'œil, la mesure de la hauteur de la mire au-dessus du sol : une vis de pression sert à fixer la partie mobile de la mire.

Le *jalon* proprement dit est un brin de bois brut, aiguisé au bout inférieur et fendu à l'autre : dans cette fente on place un morceau de papier. On conçoit très-bien que rien ne peut être établi sur la longueur que doivent avoir les jalons, elle sera variable suivant les besoins de l'opération. Dans les pays ou le bois est rare, on peut mettre plus de soin dans la confection des jalons et revêtir le pied d'une pointe de fer. Le seul soin à prendre, lorsque l'on place des jalons, est de les mettre bien droits et dans la direction voulue. L'arpenteur, par des signes de convention indique à son porte-jalons, ce qu'il doit faire. L'emploi de la mire trouvera sa place dans l'article consacré au nivellement.

2. *Fiches*. Les fiches sont des piquets de 18 pouces (49 cent.) environ de hauteur, ordinairement en gros fil de fer ou de cuivre. Elles doivent être assez grosses pour ne point se courber sous l'effort que la main opère pour les faire entrer dans le sol : elles sont pointues d'un bout et recourbées en anneau à l'autre extrémité. On en fait aussi en bois, mais elles sont d'un mauvais service. Cependant un de nos plus habiles géomètres propose d'employer neuf piquets de fer et un de bois, on évite ainsi de grands inconvénients. « Le moyen, dit-il, que je propose, est infaillible pour éviter des erreurs qui se représentent fréquemment : car en supposant qu'on eût gardé par inadvertance le piquet de bois, on s'en apercevrait ne fut-ce qu'en les comptant pour les rendre à la centaine suivante, parce que le piquet de bois doit toujours être dans la main de celui qui chaîne devant : si, au contraire, il est de fer et

ressemble aux autres, il est impossible de s'apercevoir
qu'on l'a gardé. » On verra dans l'article suivant quel est
l'emploi des fiches.

3. *Chaîne.* La chaîne d'arpenteur est l'instrument avec
lequel on mesure manuellement la distance d'un point à
un autre. Celle en usage aujourd'hui a dix mètres de longueur, y comprenant les deux poignées qui servent à la
manier et qui doivent être assez larges pour que les quatre doigts s'y introduisent facilement. La chaîne se compose d'abord des deux poignées que nous venons d'indiquer, puis de petites branches de fil de fer au nombre de
cinquante pour la chaîne, renouées entre elles par de petits anneaux de fer ou de cuivre. Dans les chaînes faites
avec soin, chaque mètre est divisé en cinq portions de
deux décimètres chacune: les anneaux qui réunissent les
branches de deux décimètres sont en fer, et l'on fait en
cuivre ceux qui se trouvent à chaque mètre: l'anneau
central qui se trouve au bout de cinq mètres est ordinairement plus grand que les autres, et porte quelquefois
un fragment de fil de fer destiné à indiquer le *medium* de
la chaîne. Les poignées doivent être à tourillon, afin que
la chaîne soit plus facile à manier. Les décimètres ainsi
que les mètres comptent du milieu des anneaux. Il est
tout-à-fait nécessaire que les anneaux et les branches
soient en fil de fer assez gros pour qu'ils ne puissent en
aucune façon s'allonger: il faut éviter aussi l'inconvénient
d'une chaîne trop lourde. On se servait autrefois dans
quelques circonstances d'un grand compas de bois; nous
n'en parlons que pour en conseiller l'abandon, car les
pointes, en pénétrant plus ou moins dans le sol, dimi-
nuaient continuellement l'ouverture qui servait de mesure et la faisait varier.

La chaîne est tenue par deux hommes placés à chacune de ses extrémités et la portant par les poignées : celui qui marche devant tient une fiche dans la main passée dans la poignée et l'enfonce dans le sol, lorsque son camarade l'avertit en s'arrêtant. Il faut pour ce travail des hommes fort bien dressés et surtout habitués. Le poste le plus important est celui de l'homme qui marche devant; il ne doit point s'incliner lorsqu'il enfonce la fiche, mais fléchir les genoux comme s'il voulait s'asseoir, sans avancer ni reculer. La chaîne doit être bien tendue ; il est aussi fort important de suivre la direction indiquée par les jalons.

4. *Equerre.* Les arpenteurs nomment équerre un instrument en cuivre de forme octogonale ou cylindrique de sept centimètres de hauteur sur six de diamètre. Cette équerre évidée en dedans pour offrir plus de légèreté, est percée de huit fentes ou rainures perpendiculaires à l'extrémité ou base du cylindre ou de l'octogone. Deux de ces ouvertures doivent se correspondre parfaitement, de manière que l'on vise à travers elles un objet placé au delà du cylindre, par rapport à l'observateur. A droite et à gauche de ces deux rainures, doivent s'en trouver six autres qui, par rapport à chacune d'elles, offrent des angles de 45° ou de 90°. En effet, ces ouvertures doivent être considérées comme traversées par quatre lignes diamétrales, ayant toutes le même point central, et renfermant huit angles renfermés par des côtés égaux et égaux entre eux.

Dans quelques équerres, des pinnules ou crins sont placés au centre des rainures qui, dans tous les cas, ont alternativement au bas et au haut de l'ouverture de petites ouvertures circulaires un peu plus larges que la fente. Les équerres à pinnules ou à crins sont nécessaires pour lever des plans d'une assez grande étendue, les premières permettant aux rayons visuels de trop se propager, lorsque le point à observer est éloigné. Autrefois on se servait d'un cercle qui portait deux diamètres munis de pinnules; mais cette équerre moins commode que celles que nous venons de décrire est aujourd'hui abandonnée.

Les équerres portent toutes une douille, au moyen de laquelle on les place sur un bâton bien droit, terminé au bas par une pointe ferrée qui sert à les faire entrer dans le sol. Sur les sols très-durs ou remplis de pierres, on se sert d'un trépied semblable à celui du graphomètre, et que nous décrirons à l'article de ce dernier instrument. L'équerre doit être bien perpendiculaire, si l'on veut obtenir des résultats vrais et exacts.

5. *Equerre à secondes.* Cet instrument est fort simple; il se compose de deux cylindres creux en cuivre, superposés l'un au-dessus de l'autre et n'ayant cependant qu'une hauteur totale de huit centimètres sur six de largeur. Le cylindre supérieur muni de fentes, de pinnules, ou de crins, est aussi, sur son bord inférieur, divisé en 360 degrés. La même échelle est gravée sur le bord supérieur du cylindre inférieur. Le premier est mobile au moyen d'une vis de rappel et le second est fixe. Cet instrument est commode pour prendre les angles à côtés peu prolongés : s'il en était autrement, on n'obtiendrait que des résultats fautifs et inexacts. L'équerre à secondes est portée, comme celle qui précède, sur un bâton d'équerre ou sur un trépied.

6. *Graphomètre.* (*Fig.* 49.) Les arpenteurs regardent cet instrument comme celui avec lequel on obtient les ré-

sultats les meilleurs et les plus exacts; il est en cuivre et composé d'un demi-cercle ADB, nommé quelquefois *limbe* et divisé en 180 degrés sexagésimaux ou 200 centésimaux ou moitié de la circonférence. Une règle fixe, ou *alidade fixe* appelée aussi *ligne de foi* AB, est le diamètre du demi-cercle; elle porte une règle mobile CD, que l'on appelle aussi alidade et qui tourne autour d'une cheville ou vis placée au centre du cercle: cette seconde règle parcourt toutes les divisions gravées sur l'instrument et en porte aussi quelques-unes à chaque bout; nous donnerons tout-à-l'heure l'explication et l'usage de cette espèce de seconde échelle que l'on nomme *vernier*. Les alidades fixes et mobiles portent à chacune de leurs extrémités une petite feuille de métal perpendiculaire au plan de la règle; ces plaques ou platines ont au centre de petites fentes très-étroites *également* perpendiculaires par rapport au plan des alidades. On nomme ces ouvertures *pinnules*: elles ne sont pas d'une égale largeur dans toute leur longueur, car chaque extrémité a alternativement en haut et en bas une partie de la fente très-élargie, partie qui prend spécialement le nom de *fenêtre*. Les ouvertures ou fentes sont divisées par un crin ou par une lame de cuivre très-mince, et cela afin que le rayon visuel soit bien guidé sur le milieu des pinnules; ce crin ou cette lame répond directement au centre du demi-cercle. Les pinnules doivent être assez élevées pour que l'œil de l'observateur, en se plaçant au haut de l'une d'entre elles et cherchant un objet placé sur un plan beaucoup plus bas, puisse le trouver sans changer le plan de l'instrument.

Le graphomètre porte habituellement une boussole ou boîte en cuivre recouverte d'un verre et renfermant une aiguille très-mobile en fer aimanté; sur les bords de la

boussole est gravée une division de 360°. Cette aiguille sert à donner les points d'orientement des objets
auxquels on vise: on obtient ainsi des points de repaire
faciles à retrouver et indiqués d'une manière scrupu-
leuse.

Le *vernier*, attribué à Nonius dont il porte le nom, est
la division établie sur l'extrémité du diamètre mobile.
Nous allons emprunter à Lefèvre, édition de 1806, la
théorie et la figure de ce *nonius*. « Il y a sur le limbe de
l'alidade mobile un arc de cercle concentrique à la circonférence extérieure du limbe de l'instrument ; l'espace
d'un certain nombre de degrés pris sur la circonférence
du graphomètre est porté sur l'arc de l'alidade ; on divise
cet arc en un autre nombre de parties *égales* entre elles,
mais plus grand d'une unité. Par exemple, si l'arc pris
sur l'instrument est de 19°, on le divisera en 20 parties
égales sur l'alidade ; par conséquent une division du *nonius* (*fig.* 50) vaudra les dix-neuf vingtièmes d'un degré
ou 95 minutes ; c'est-à-dire que *a b* sera de 5 minutes, *c d*
de 10, *e f* de 15, et ainsi de suite jusqu'à la vingtième
division du *nonius*. Il faudra donc pousser l'alidade de
5 minutes pour faire coïncider la première division du
nonius avec une des divisions du *limbe ;* de même en le
poussant de 10 minutes, il faudra regarder la seconde division de l'alidade et ce sera celle qui coïncidera avec une
division du limbe et réciproquement ; quand la seconde
division de l'alidade mobile se rapportera avec une division du limbe, on comptera 10 minutes en sus du nombre des degrés marqués sur le limbe, entre l'objet que
l'on observe et la ligne de *foi ;* ainsi des autres. Si l'on
prenait l'espace de 24 degrés sur le limbe et qu'on les di-
visât sur l'alidade en 25 autres parties égales, chacune

serait de 96 minutes, ce qui donnerait les divisions de 4 en 4 minutes. Si l'instrument était divisé en demi-degrés, comme il y en a beaucoup, on aurait les degrés de 2 en 2 minutes, ce qui est suffisant pour les usages ordinaires.

« Pour mesurer un angle observé, on examinera s'il y a sur le limbe et sur le bord de l'alidade deux divisions qui s'accordent parfaitement, et partant de cette division pour revenir vers le rayon visuel des pinnules, on comptera toutes les divisions intermédiaires et l'on prendra autant de fois 5 minutes qu'il y aura de pareilles divisions, si le nonius donne les minutes de 5 en 5; ou bien autant de fois 2 minutes, si la division donne les minutes de 2 en 2. Si l'on ajoute le nombre de minutes au nombre de degrés marqués sur le bord de l'instrument, on aura l'angle avec toute la précision dont l'instrument est susceptible.

« Il peut arriver, et cela arrivera souvent, que l'on ne trouve point de divisions qui se rapportent exactement, alors on s'arrêtera à celles qui approchent le plus de tomber l'une sur l'autre, et on estimera le mieux possible l'excès ou le défaut en comptant d'ailleurs comme ci-dessus. L'usage fait faire cette estimation avec autant de précision qu'on peut communément en espérer dans la pratique de l'arpentage. Par exemple, si en pointant un objet, le rayon visuel de l'alidade répond au-delà de 39 degrés sur le limbe et que ce soit le 49° degré du limbe qui réponde exactement avec une division de l'alidade, on comptera en retournant vers ce rayon visuel, qu'on appelle plus communément *ligne de mire*; trouvant qu'il y a 10 divisions pour l'alidade, on comptera 50 minutes, si le nonius donne les divisions de 5 en 5 minutes, de sorte que l'angle observé sera de 39° 50'. Si la division se fût trouvée un peu au-dessus ou au-dessous de la

division du limbe, par rapport à la ligne de mire de l'a-
lidade, on eût ajouté ou retranché à peu près deux minutes. Il en serait de même si le nonius donnait les divisions de 2 en 2 minutes. » Nous ajouterons quelques mots
à cette explication fort longue, il est vrai, mais tout-à-
fait nécessaire; nous dirons que l'arc de cercle tracé à
chaque extrémité de l'alidade est ordinairement de 7°. La
division est en 15 parties égales et chaque division, valant
le quinzième de 30°, est de 2 minutes, ce qui suffit dans
le plus grand nombre de cas.

La disposition que nous venons d'indiquer convient
toutes les fois que les objets à observer ne sont pas très-
éloignés; mais, si au contraire ils sont à une grande distance de l'observateur, ce qui arrive dans les grandes
triangulations, on devra recourir à un *graphomètre à lunettes*. Cet instrument ne diffère de celui à alidade que
par deux lunettes d'approche que l'on substitue aux deux
diamètres fixe et mobile garnis de pinnules. La lunette
fixe est placée au-dessous du plan de l'instrument, tandis
que celle qui est mobile se trouve en dessus. Pour obtenir un résultat exact dans les observations, il faut qu'une
ligne droite, passant par le centre des objectifs et des ocu-
laires se trouve parallèle au plan du graphomètre. Celle
que l'on suppose passer à travers la lunette supérieure doit
se croiser avec celle de la lunette inférieure dans une perpendiculaire élevée sur le centre du demi-cercle.

Les meilleurs graphomètres sont munis de vis de rappel
qui servent à faire marcher l'alidade mobile ou la lunette
avec précision, ce qui permet d'obtenir des différences
très-faibles. Au-dessous du centre du diamètre fixe est
placée une colonne solide, tournant au moyen d'un genou, et destinée à porter l'instrument au-dessus d'un

bâton semblable à celui de l'équerre, mais plus ordinairement sur un trépied indiqué dans la figure 49. Lorsque la disposition nécessaire du graphomètre est obtenue, on le fixe au moyen d'une vis de pression. Nous avons cru devoir donner beaucoup de détails sur le graphomètre parce que cet instrument, comme nous l'avons déjà dit, est le plus utile et peut être le plus exact de tous ceux que l'on emploie pour obtenir les angles d'un lever géométrique.

La vérification du graphomètre doit être faite avec grand soin. On y parvient en prenant séparément la mesure ou, si l'on veut, l'ouverture de chacun des angles d'un triangle : la somme de ces trois angles doit équivaloir à celle de deux angles droits ou à 180°. L'instrument parfaitement juste donnera le résultat que nous annonçons ; mais il est difficile de trouver des graphomètres d'une telle perfection ou aussi bien conservés. M. Lefèvre accorde une certaine latitude que M. Busset trouve trop grande. Après cette vérification, on examine le parallélisme des deux alidades et s'il existe une différence, on en tient compte dans l'examen de la valeur des angles.

7. *Alidade.* Cet instrument se fait ordinairement en cuivre et se compose d'une règle portant une division d'échelle, un petit niveau à bulle d'air et sur une colonne plus ou moins élevée une petite lunette mobile dans tous les sens et que l'on peut fixer par une vis de pression. On se sert de cet instrument pour déterminer les objets placés au-dessus ou au-dessous du plan de la planchette. On place quelquefois sur la lunette des pinnules utiles dans certaines circonstances.

Il est encore une autre alidade que l'on nomme *à pinnules* et qui n'est autre chose que la règle mobile du graphomètre: on s'en sert pour les levers à la planchette. Les petites plaques de métal dans lesquelles sont placées les pinnules se baissent ordinairement au moyen de charnières , ce qui rend le transport de l'instrument plus facile.

8. *Planchette*. La planchette n'est autre chose qu'une tablette carrée de noyer, portée par un pied semblable à celui du graphomètre. La tablette a 18 à 20 pouces carrés (50 à 55 centimètres), et une épaisseur de 8 à 9 lignes (2 cent.). On doit employer à sa confection du bois parfaitement sec : souvent elle est placée dans un châssis de bois et reliée avec des vis, car il est d'une importance très-grande qu'elle ne se voile pas. Au-dessous est un support en bois qui renferme une pièce en cuivre triangulaire, munie à chaque angle d'une vis mobile. Cette pièce se nomme *tréchoir* et s'adapte sur le pied au moyen de trois branches. Il est un autre mode de planchette qui porte à la partie inférieure un genou et une virole qui servent à la manœuvrer. On peut aussi adapter à la planchette et aux deux côtés opposés des rouleaux sur lesquels on enroule la partie du papier qui excède les dimensions de la planche : de petits engrenages à rochet rendent les rouleaux immobiles. Pour se servir de la planchette, on doit avoir une alidade ou règle en cuivre, aux extrémités relevées perpendiculairement et percées d'ouvertures garnies de pinnules à travers lesquelles on regarde les objets. Cette alidade sert à tracer sur le papier les lignes droites qui existent d'un point à un autre.

Pour se servir de la planchette, on colle sur la surface supérieure et par les bords une feuille de papier fort, ou bien encore on tend cette même feuille sur les deux rouleaux que nous avons indiqués : le point important est de ne point laisser d'inégalités au papier et qu'il soit bien également tendu partout. On sait que pour le coller, on se contente d'en enduire les bords, mais en dessous, avec une solution de gomme. Le papier est ensuite appliqué sur la planchette et pressé : assez ordinairement pour mieux tendre la feuille, on la mouille légèrement, mais seulement quand l'encollage est bien sec. La planchette est très-utile pour lever les objets de détail et offre beaucoup de promptitude dans le travail ; en effet, on obtient les angles, en l'employant, par la seule observation des rayons visuels et sans se servir de calcul ou de rapport. Dans un plan de grande étendue, on fixe les points généraux au moyen du graphomètre.

On se sert quelquefois pour disposer parallèlement la planchette d'un instrument nommé *déclinatoire* ; il consiste en une boîte plus longue que large qui renferme une aiguille aimantée et une longue ligne marquée *sud-nord*. On en conçoit facilement la manœuvre ; il a les mêmes inconvénients que la boussole. Nous lisons dans un des ouvrages déjà cités les avantages et les désavantages de la planchette : « Je conviendrai, dit l'auteur, que pour le géomètre qui l'emploie au lever des détails, il a l'avantage de réunir, dans une opération unique, les deux parties distinctes de son travail, l'arpentage et le rapport du plan. Il voit, en effet, d'un coup-d'œil le terrain, sur lequel il opère, se représenter en petit à mesure qu'il avance, et sans qu'il ait besoin de faire un croquis, il obtient immédiatement l'image fidèle des lieux qu'il a levés et dont il peut à chaque instant reconnaître l'exactitude. Cependant les variations du papier exposé au grand air à toute heure du jour, l'emploi des instruments graphiques à mesure qu'on arpente, ce qui ralentit beaucoup la marche du géomètre, l'impossibilité de sortir sa planchette dans les temps brumeux, ou de pluie par lesquels on pourrait encore arpenter, ont rendu moins fréquent l'usage de cet instrument. D'ailleurs on peut se tromper avec la planchette, et comme les opérations premières ne laissent aucune trace, puisqu'on ne fait pas de croquis, toute rectification est impossible et il faut recommencer le travail du terrain.

« La planchette peut cependant être employée très-utilement dans certaines localités et même on doit l'employer, à l'exclusion de toute autre méthode, dans les lieux où un très-petit nombre de points sont accessibles, dans les rochers escarpés et les terrains très en pente. Là, les mesures, quelque soit l'instrument avec lequel on cherche à les obtenir, ne peuvent jamais être très-exactes, et il est même des cas dans lesquels un géomètre ne pourrait les tenter, sans s'exposer à un éminent danger. La planchette peut dans ce cas être employée avec succès par la méthode des intersections pour les parties reconnues défectueuses à la vérification. » On voit par cette reproduction exacte de l'appréciation d'un de nos plus célèbres géomètres que la planchette présente de notables avantages à côté de grands inconvénients. Ceux-ci se font surtout sentir dans le lever des grands espaces, tandis que les autres se manifestent au contraire dans celui des détails.

9. *Boussole.* Cet instrument se compose d'une boîte carrée en bois, ayant sur chaque face une longueur de deux à trois décimètres. Au fond de cette boîte est établi un petit pivot de cuivre terminé en pointe très-effilée et sur lequel vient se placer une aiguille en fer, aimantée d'un bout et parfaitement en équilibre : l'aiguille est déliée à

ses extrémités et doit être très-mobile. Chacun connaît la propriété de l'aimant qui, rendu libre, se dirige dans presque tous les cas vers le nord ou la partie septentrionale du globe ; la boussole est basée sur cette propriété aussi bien que l'emploi de celle-ci dans l'arpentage. L'aiguille n'est aimantée que d'un seul bout et celui-ci est distingué de l'autre par un signe particulier. Les meilleures aiguilles sont celles qui varient longtemps avant de se fixer. Sur le fond intérieur de la boite et sous les extrémités de l'aiguille se trouve à plat un cercle ou limbe en cuivre divisé en 360 sexagésimales ou en 400 centésimales : les quatre points cardinaux et les intermédiaires sont aussi indiqués sur le cercle de cuivre.

Le long d'un des côtés du carré et parallèlement à une ligne qui passerait par le nord et le sud, ou le degré 360 et celui 180, on place soit une alidade nommée *visière,* soit une lunette. Quelque soit la visière, elle est mobile autour d'un axe qu'elle porte dans son milieu et qui la rattache à la boussole. Ainsi la visière se meut perpendiculairement à l'horison et la boîte parallèlement. La boussole est parfaitement close en dessus par un verre bien mastiqué et qui est recouvert par une planche qui entre bien juste à coulisse dans la partie supérieure de la boîte. Au-dessous de celle-ci est une douille qui sert à fixer la boussole sur le pied.

La boussole est l'instrument avec lequel on peut opérer le plus rapidement, mais elle est souvent défectueuse. Les variations rapides de l'atmosphère ont sur elles beaucoup d'influence ; elle ne peut servir sur les terrains qui recèlent du fer, et ici, nous devons dire que lorsqu'on l'emploie on doit en éloigner avec soin ce métal. Elle a de plus des mouvements réguliers qui tiennent, à ce que l'on croit, aux saisons et à la latitude des lieux. Nous ne nommerons que la déclinaison et l'inclinaison. Cependant la boussole est nécessaire pour les reconnaissances rapides et pour travailler dans les lieux fourrés et boisés : il faut, dans ce dernier cas, rattacher les opérations à des points bien reconnus et fixés au moyen de travaux exécutés par des méthodes sûres.

On fixe l'aiguille par divers moyens, mais seulement lorsque l'on veut porter la boussole ; ce qu'il y a de mieux alors est de l'ôter de la boîte et de la placer dans un petit réduit doublé de drap et bien clos.

La boussole est bonne lorsqu'en orientant du même point central les deux extrémités d'une longue ligne droite, elle donne le même degré de déclinaison.

10. *Cercle entier ou répétiteur de Borda*. Cet instrument, qui donne d'excellents résultats, est plus portatif, plus commode et plus exact que les graphomètres, et dispense de la vérification du parallélisme. Il consiste en un cercle de métal sur lequel se trouvent gravés les 360 degrés sexagésimaux ou les 400° centigrades. Les diamètres fixes et mobiles sont des lunettes ; la supérieure est mobile et surmontée d'un arc de cercle et d'un vernier qui donne les degrés d'élévation ou d'abaissement. Plusieurs niveaux à bulle d'air servent à mettre le cercle dans une position rigoureusement horizontale. Une pièce à écrou correspond au limbe ou cercle et se trouve traversée par une vis qui tient à l'alidade et n'empêche cependant point celle-ci d'être placée à la main, lorsque cela est nécessaire. La vis sert à rendre sûre et parfaite la première observation.

« Le cercle répétiteur de Borda, dont se servent les ingénieurs du dépôt de la guerre, dit le savant M. Busset, est sans contredit, le meilleur et souvent le seul instrument qu'on puisse employer dans les opérations de haute géodésie : mais son usage doit être en quelque sorte proscrit dans les triangulations cantonnales. En effet, la nécessité de mettre à chaque angle que l'on veut mesurer le plan de l'instrument dans celui des deux objets et d'y maintenir les axes optiques des lunettes pendant tout le cours de l'observation; les lenteurs et les tâtonnements inévitables pour arriver au résultat et qu'on ne prévient qu'en se mettant deux pour s'entr'aider dans la disposition de l'instrument et dans l'observation des angles ; l'obligation de mesurer les distances zénithales pour réduire à l'horizon les angles observés; enfin, ces réductions et la correction à faire aux angles mesurés, lorsque les lunettes sont excentriques : tout cela, disons-nous, entraîne une perte de temps incompatible avec les triangulations cadastrales. »

11. *Théodolite répétiteur*. Nous allons encore emprunter ce qui va suivre à M. Busset.

« Le théodolite répétiteur a, sous le rapport de la célérité, un immense avantage sur le cercle répétiteur de Borda. La lunette supérieure est traversée par un axe bien calibré, dont les extrémités portent dans des collets également élevés au-dessus du limbe ; le niveau suspendu à cet axe par deux crochets parfaitement égaux, pouvant être retournés bout par bout, indique si cette lunette se meut dans un plan parfaitement perpendiculaire à celui du limbe, et donne les moyens d'opérer les corrections nécessaires pour l'amener à cet état. On voit d'après cela que le théodolite ayant été nivelé, tous les angles observés sont naturellement réduits à l'horizon, et il a, sur le cercle de Borda, un autre avantage non moins remarquable, celui de diminuer les causes d'erreurs ; car c'est en multiplier les chances que de multiplier les opérations.

« D'ailleurs, j'en ai acquis l'expérience, le théodolite ne le cède en rien pour l'exactitude au cercle de Borda, et par conséquent il est préférable pour un ingénieur du cadastre qui, encore une fois, en visant à la précision doit aussi viser à la célérité. J'ai déjà cité les résultats que j'ai obtenus; sans doute avec le cercle répétiteur ils auraient été aussi exacts : mais outre que j'ai fait les observations seul, j'aurais, par les causes que j'ai précédemment énoncées en employant cet instrument, mis dix fois autant de temps avec le secours d'un aide aussi exercé que moi. Si donc on ajoute maintenant celui qu'auraient entraîné les calculs, il est facile de voir l'immense économie de temps que j'ai faite en triangulant en détail 255,000 hectares.

« Le théodolite répétiteur dont je me sers, est de Reichenbach; il donne dix secondes sexagésimales, et la précision à laquelle j'arrive par les angles simples est tellement remarquable, que j'ai reconnu qu'il était absolument superflu de les répéter, lorsqu'ils appartenaient à des triangles dont les côtés ont moins de 5000 mètres. C'est donc seulement dans les triangles appelés du premier et du second ordre, que les angles sont répétés. Dans ceux où les circonstances qui accompagnent les observations ont été les moins favorables, je n'ai jamais trouvé plus de huit secondes de différence; je puis même dire que cette erreur n'existe que dans deux triangles; celle qui est la plus ordinaire n'est que de deux à quatre, et il m'est arrivé souvent de me fermer directement. »

12. *Niveaux.* Nous nous occuperons d'abord du niveau *d'eau :* celui-ci est composé d'un tube en fer-blanc ou en cuivre, de trois à quatre centimètres de diamètre, long de huit à douze décimètres. Les extrémités, longues de

huit à dix centimètres sont recourbées à angles droits et par conséquent perpendiculaires à la partie horizontale des tubes. Au-dessous du centre, est soudée une douille qui sert à placer l'instrument sur un pied semblable à celui de l'équerre ou à celui du graphomètre. Un tube de verre est fixé à chacune des extrémités recourbées et reçoit de l'eau lorsque l'on doit opérer ; la surface des deux couches supérieures de l'eau sert à viser les objets. On pourrait obtenir quelque facilité en employant de l'eau colorée, pourvu toutefois que la couleur ne s'attachât pas aux parois du tube. Nous avons vu des niveaux d'eau où les tubes étaient remplacés par des petits rouleaux semblables à ceux qui renferment l'eau de Cologne, ils étaient remplis aux deux tiers et débouchés seulement pendant le travail. De quelques vases que l'on se serve, le verre doit être mince et très-blanc.

Il est encore un autre niveau que l'on nommé *à bulle d'air*. Il consiste en un tube de verre bien cylindrique, bouché aux deux extrémités et renfermé dans une armature en cuivre qui ne laisse apercevoir que la partie supérieure du tube couché. On le remplit presque entièrement d'éther ou d'alcool coloré en rouge, et on n'y laisse de place que pour une bulle d'air de deux à trois centimètres de longueur. Un tube d'une très-légère courbure est plus sensible et donne de meilleurs résultats. Cet instrument est très-utile ; il est de niveau quand la bulle occupe le milieu du tube. Le niveau à bulle d'air est quelquefois monté sur un genou et surmonté d'une lunette, ce qui permet de donner des *coups de niveau* beaucoup plus longs.

Il est encore quelques niveaux, mais que l'on met rarement en usage dans l'arpentage, nous voulons parler de ceux qui sont basés sur le fil à plomb : ils consistent ordinairement en un triangle rectangulaire de bois, au sommet duquel on suspend un plomb ou poids tenu par un fil et ce fil doit, pour indiquer la perpendiculaire, tomber sur un cran fait sur la traverse du bas du cadre triangulaire.

13. *Clinomètre.* Cet instrument, encore peu connu, nous a semblé devoir rendre de grands services dans les nivellements. Son inventeur, M. de Coninck, l'a d'abord destiné à mesurer en mer l'inclinaison de la quille des vaisseaux; mais il peut aussi bien, et même mieux que tout autre instrument, déterminer toute espèce de pente sur terre. Il se compose de deux boules de verre allongées, placées à la distance de dix-huit pouces, et qui sont réunies ensemble par un tube de verre partant de la base de chacune de ces boules. On verse dans chacune d'elles du mercure qui doit remplir la moitié de leur capacité ; du sommet de chacune de ces boules part un tube qui suit une direction parallèle au tube des bases jusqu'à ce que les deux tubes du sommet ne soient plus qu'à un demi-pouce de distance; alors ils se dirigent verticalement en formant un angle droit et s'élèvent parallèlement l'un à l'autre. Ces tubes verticaux s'appliquent contre un index ou mire verticale avec une échelle de deux degrés divisés en 120 minutes. On verse dans les tubes de l'alcool coloré en rose, jusqu'à ce qu'il s'élève au point marqué zéro sur l'échelle; l'alcool remplit l'intérieur des tubes et vient flotter sur le mercure qui lui transmet les oscillations.

Ces tubes verticaux sont munis à leur sommet d'une boule en verre qui reçoit l'alcool, quand une agitation violente tend à le chasser hors des tubes qui sont ouverts à leur sommet. Lorsque les colonnes d'alcool indiquent le zéro, l'instrument est de niveau ; il en résulte que le chiffre de l'angle une fois indiqué, on trouvera facilement la différence de niveau, ou, si l'on veut, la pente. Cet instrument est précieux, car il tient compte des petites différences qui ne sont point appréciables au moyen d'autres instruments. On ne trouve le clinomètre que chez M. Lerebours, près la place Dauphine, à l'angle du quai des Lunettes.

14. *Limbomètre.* Nous emprunterons la description de cet instrument à son inventeur. « Le limbomètre (*Fig.* 51), inventé en 1820 par M. Hogard, est propre à déterminer graphiquement les côtés et les angles d'une forêt ou d'un terrain quelconque, dont on a levé le plan par un polygone, aux côtés duquel on a coordonné les sommets d'angles de ce terrain fixés à l'avance par des bornes ou des piquets. Le limbomètre se compose 1° d'un plan rectangulaire ou quart de cercle gradué, au bas duquel est une règle fixe AB, faite à feuillures ; 2° d'une alidade OC, portant à son extrémité un *nonius* et pivotant sur le centre O du cercle; sur cette alidade est gravée, le long de *la ligne de foi*, une division de deux millimètres par mètre; elle pourrait être divisée dans toute autre proportion. Chaque mètre est encore divisé en deux parties, et la règle en contient cent dix, depuis le centre O jusqu'au *nonius*. Nous avons nommé cette division *ligne des hypothénuses;* 3° d'une règle mobile EF, assemblée à équerre, ayant un biseau peu incliné sur lequel est marquée une échelle de cent mètres d'une division semblable à la précédente. Cette division, que nous avons nommée *ligne ou échelle des ordonnées*, commence au point F, à la hauteur exacte du centre O, ou du pivot de l'alidade.

« Cette règle à équerre glisse sur la feuillure de la règle AB, ainsi que sur l'alidade et un petit rebord RR ; à cet effet, cette feuillure et ce petit rebord sont exactement de la même épaisseur que l'alidade, c'est-à-dire, dans le même plan qu'elle, afin que toujours le biseau de la mobile rencontre parfaitement les divisions de l'alidade. Il faut aussi que le dessus de la règle fixe soit parfaitement à fleur de la règle mobile. Le bord de la règle fixe joignant la règle mobile, porte encore une division de cent mètres à la même échelle que les deux autres, et que nous avons nommé *ligne des abscisses*. Le point de zéro de cette division commence un peu à droite de l'alignement du centre du cercle, afin de dégager le biseau ; mais il est nécessaire que la ligne X, gravée sur le bord de la mobile, coïncide avec le zéro des abscisses, lorsque le biseau de la mobile passe exactement sur le centre O.

« L'instrument porte trois graduations du quart de cercle ; la première, placée intérieurement, donne les angles directs à partir de la règle fixe ; la seconde, placée au milieu du limbe et disposée en sens opposé à la première, donne les angles complémentaires ; enfin la troisième, placée à l'extérieur du limbe, disposée comme la première, et commençant près de la règle mobile, donne les angles supplémentaires.

« Le limbomètre peut être d'un usage fréquent aux géomètres chargés de faire des abornements dont il faut rédiger les procès-verbaux, et d'un besoin presque journalier aux géomètres forestiers. Il paraît assez inutile de donner une démonstration de sa théorie, elle est évidente à tout homme qui a les moindres notions de géométrie. »

En général, cet instrument est propre à résoudre graphiquement tous les problèmes qui dépendent des triangles rectangles. Les géomètres appelés à s'en servir, trouveront facilement toutes ses applications. Le limbomètre que possède M. Hogard a été construit par Estéveny à Paris. Nous ne dirons rien de la manière d'employer le limbomètre, on trouvera dans la notice qui l'accompagne tous les renseignements nécessaires.

15. *Compas.* Les compas sont des instruments qui diffèrent entre eux pour la construction, mais qui ont tous le même but; on s'en sert pour reporter des mesures d'un plan sur un autre ou d'une échelle sur un plan; on les emploie aussi pour décrire des circonférences, et c'est avec eux que l'on établit des perpendiculaires à des lignes données, etc.

Le compas ordinaire est un instrument composé de deux branches en cuivre pour la partie supérieure, et en acier pour les pointes qui posent sur le plan. Les branches se réunissent au moyen d'une vis de pression, ce qui permet de donner à cette charnière un mouvement plus ou moins doux; il est nécessaire que les parties qui éprouvent des frottements soient parfaitement polies. Les branches ordinairement prismatiques doivent être droites et s'appuyer l'une contre l'autre, lorsqu'elles sont fermées; les pointes seront fines et assez solides pour ne point s'émousser en posant sur l'échelle. Dans la plupart des compas, une des pointes dont nous venons de parler est mobile et se fixe au moyen d'une vis de pression; on la remplace au besoin par un porte-crayon, par une plume ou tire-ligne en fer, et quelquefois par une allonge en cuivre à laquelle on adapte la pointe, la plume ou le porte-crayon; on obtient par ce dernier moyen un compas beaucoup plus grand et commode pour décrire les circonférences d'un grand diamètre.

Le compas à verges se compose d'une règle en métal, sur laquelle une ou deux échelles sont gravées, et de deux verges ou pointes montées sur des coulisses qui embrasse la règle ; une de ces verges est fixe et sa pointe indique le zéro de l'échelle ; l'autre est mobile, s'arrête et se fixe au moyen d'une vis de pression ; quelquefois près de la pointe ou verge mobile se trouve une petite roue, suffisamment élevée, pour permettre à cette pointe de marquer sur le papier, sans la laisser trop entrer.

Le compas de réduction sert à transporter d'un plan à un autre des mesures différentes diminuées ou augmentées entre elles dans une même proportion. Il se compose de deux lames de cuivre terminées à chaque bout par des pointes d'acier plus ou moins effilées. Les lames portent chacune dans leur milieu une ouverture longitudinale, au milieu de laquelle est placée un boulon ou *curseur* armé d'une vis de pression ; des divisions sont gravées sur le bord des ouvertures, et indiquent le point où l'on doit placer le curseur, selon le résultat que l'on veut obtenir.

Le compas de proportion (*Fig.* 52), se compose de deux règles de laiton réunies par une charnière, autour de laquelle elles s'ouvrent et tournent. Chacune de ces branches est ordinairement de deux décimètres ou de seize à dix-sept centimètres de longueur : la largeur est de seize à dix-huit millimètres. Des divisions sont établies sur chacune des règles qui le constituent : par ces divisions, par la manière dont elles correspondent entre elles et par les ouvertures proportionnelles du compas, elles indiquent les proportions entre plusieurs quantités de même espèce. Cet instrument demande, pour donner de bons résultats dans les opérations, une grande perfection d'exécution et la main d'un habile géomètre ; il est aujourd'hui presque entièrement abandonné et ne s'emploie que dans un petit nombre de cas, particulièrement dans le rapport des plans.

16. *Pantographe.* Lorsque l'on doit réduire des plans ou les augmenter, c'est-à-dire de grands les faire petits et de petits les faire grands, on ne peut employer de meilleur instrument que le pantographe; il n'a qu'un désavantage, son grand prix. Nous en recommandons l'emploi à tous ceux qui auront à exécuter des travaux longs et importants. L'instrument pour être utile doit être divisé avec une grande exactitude et se mouvoir facilement; il se compose de quatre règles en bois dur, ordinairement d'ébène ou de gayac, réunies entre elles à chaque extrémité par de petits boulons en cuivre que l'on peut serrer plus ou moins, suivant le besoin; de quatre petites roulettes placées au-dessous des règles et destinées à rendre l'instrument plus facile à mouvoir sur la table; d'un pivot fixé dans une plaque de métal, garnie à ses angles, de petites pointes très-menues et courtes; ce pivot est placé dans une ouverture pratiquée dans une des règles et empêche, lorsqu'il est placé, le dérangement de l'instrument; d'une boîte mobile à laquelle s'adapte, au moyen d'une vis de pression, un calquoir qui doit occuper diverses places suivant la diminution ou l'agrandissement que l'on veut obtenir dans le calque du dessin; d'un porte-crayon bien centré et destiné à reproduire l'image dont les contours sont suivis par le calquoir. Il est facile d'indiquer le mode de direction de l'instrument, puisqu'il suffit de suivre avec le calquoir les linéaments de la figure que l'on veut reproduire; mais ce qui est plus difficile est de bien le régler, et c'est alors que l'on reconnaît toute l'importance d'une bonne division bien régu-

lière. On doit, en achetant le pantographe, demander l'explication nécessaire pour le monter et s'en servir.

17. *Micrographe.* Cet instrument est employé aux mêmes usages que le précédent et en diffère très-peu; seulement les boulons d'assemblage sont mobiles, tandis que le pivot, le calquoir et le crayon sont fixés. Aussi pour obtenir des changements dans la grandeur du dessin que l'on veut reproduire, doit-on placer les boulons selon les exigences du cas : des trous sont pratiqués dans ce but tout le long des règles. Nous n'en dirons pas davantage à son égard, et nous nous contenterons de recommander d'employer de préférence le pantographe.

18. *Rapporteur.* Le rapporteur est en corne ou en cuivre. Dans le premier cas, il est plein; dans le second, il se compose d'une bande semi-circulaire, formant ensuite le diamètre de cette demi-circonférence. La partie semi-circulaire est divisée en 180 degrés ou en 200, et pour plus d'exactitude, la numération est gravée d'abord de droite à gauche et une seconde fois de gauche à droite. Les degrés sont divisés eux-mêmes en minutes dans les grands rapporteurs et dans les petits de trois en trois minutes. Au centre du diamètre est une échancrure qui sert à déterminer le centre du demi-cercle ou le sommet des angles, à la mesure desquels on emploie le rapporteur. On se sert de grands rapporteurs qui sont munis d'un diamètre portant un vernier ou nonius semblable à celui du graphomètre, ou du moins construit d'après les mêmes principes. La règle doit dépasser la circonférence afin d'indiquer l'angle au-delà de cette même circonférence, et le nonius est placé sur une petite règle qui fait corps avec la première, et qui lui est appliquée à angle

droit. Les rapporteurs servent à donner la mesure des angles ou, si l'on veut, de leurs ouvertures.

19. *Echelles*. Les échelles servent dans l'arpentage à donner des mesures beaucoup plus petites que celles prises sur le terrain, mais toutes proportionnelles entre elles. Ainsi le mètre réel aura pour mesure dans le plan deux millimètres et le demi-mètre un millimètre; on conçoit que, dans ce cas, 4 millimètres équivaudront à 2 mètres et 24 millimètres à 12 mètres. On emploie diverses échelles, non pas que nous comprenions comme différentes celles où les divisions sont plus ou moins écartées, mais bien celles basées sur des principes différents, sur une construction et un emploi tout autre.

L'échelle la plus ordinairement employée est celle dite *à dixmes* ou *décimale*. Elle se compose d'une règle d'ivoire ou de métal, bien droite et assez large pour contenir toutes les divisions sur la face supérieure. La figure 53 en donnera une idée bien complète. En largeur, elle est divisée en dix portions et en longueur en un nombre indéterminé de parties, dont la première se subdivise en dix cases obliques ou formées par des lignes inclinées par rapport à celles qui divisent l'échelle dans le sens de sa longueur. Nous ne nous occuperons dans l'explication que nous allons donner, que de la partie indiquée sur la figure par ABCD. Dans cet espace, on voit entre les deux bords de l'échelle neuf lignes marquées 1, 2, 3, 4, 5, 6, 7, 8, 9, et coupées par dix autres lignes qui indiquent chacune une dixaine ou toute autre valeur. L'obliquité des lignes a pour but de donner des dixièmes de la somme que renferme chacune des cases. Nous l'avons indiqué autant que possible. Ainsi, la partie marquée 1—10e est le dixième de l'espace compris entre AE; 2—10es en comprend deux dixièmes; 3—10es, trois dixièmes et ainsi de suite. Si l'on veut prendre **27** sur l'échelle dont nous donnons la figure, on placera une des pointes du compas en F et l'autre en G, on aura vingt-sept unités de l'échelle ou **27** dixièmes d'une des cases complètes. L'échelle est ordinairement basée sur une fraction quelconque du mètre, pour exprimer celui-ci; par exemple, un centimètre ou un millimètre pour mètre. Le cadastre emploie des échelles de 1 mètre pour 2500 mètres ou 1250 mètres. On doit indiquer sur le plan la division de l'échelle et son rapport avec la réalité.

L'échelle à *biseau*, que nous ne figurerons point, est ordinairement un prisme ou une règle à larges biseaux, fait en ivoire ou en métal et divisé, suivant le besoin de l'arpenteur, mais presque toujours en décimètres, centimètres et millimètres. Les divisions doivent descendre jusqu'aux bords inférieurs des biseaux ou du prisme. Cette échelle est utile dans une foule d'opérations dont elle active le rapport, car par son moyen on établit les lignes directement, sans se servir du compas. Pour cela, on place l'échelle et on trace la ligne en la commençant et en la terminant au point indiqué par la division de l'échelle; si l'on fait un plan au millième et que la ligne ait 10 mètres, on trace le long de l'échelle un trait de 10 millimètres.

Nous citerons, sur les avantages de l'échelle à biseau, l'opinion du savant géomètre en chef de la Côte-d'Or : « Théoriquement parlant, l'échelle à dixmes est plus exacte que celle à biseau; mais dans l'application, celle-ci offre au moins autant de précision et présente au géomètre qui s'en sert des avantages incalculables. Je le répète, théoriquement parlant, l'échelle ordinaire est plus exacte;

et même sur les plans rapportés dans de grandes proportions, comme ceux d'architecture, une échelle à biseau
ne pourrait être employée ; mais dans les plans cadastraux,
qu'ils soient construits sur l'échelle de 1 à 5000, de 1 à
2500, et même de 1 à 1250, elle est au moins aussi
exacte que l'échelle ordinaire, et puisqu'elle a beaucoup
d'autres avantages, elle doit lui être préférée. J'engage
donc tous les géomètres, dans leur intérêt autant que
dans celui du travail, à employer cette échelle pour le
rapport des plans. »

20. *Calculateur Gelinski* ou *Graphite*. Cet instrument
nous a paru remplir toutes les conditions annoncées et
nous en donnerons la description et la figure d'après l'inventeur lui-même. « Cet instrument donne très promptc-
ment et avec une rigoureuse exactitude la contenance de
la figure la plus irrégulière. Sa construction est fondée
sur la propriété des parallèles. L'instrument représenté
figure 54 se compose : 1° d'une règle de verre A qu'on
nomme *limbe* ; 2° d'une règle d'ébène B ; 3° d'une charnière en cuivre C qui unit le limbe à la règle, de manière
qu'il puisse tourner facilement et faire avec elle tel angle
qu'on veut. Les parallèles ag, hi, kl, mn, tracées sur le
limbe ont des propriétés que nous allons faire connaître.
La première réduit les polygones en triangles dont elle
détermine en même temps la contenance, au moyen des
divisions qu'elle porte et qui tiennent lieu d'échelle. La
seconde réduit tous les triangles résultant des polygones à
une hauteur déterminée par l'espace compris entre cette
ligne et la première. La troisième a les mêmes fonctions
que la seconde; on ne l'emploie que pour les plans levés
à une échelle double. La quatrième, qui comprend avec
la première un espace décuple de celui compris entre les

deux premières lignes, a absolument les mêmes fonctions
que la seconde : elle sert pour de plus grands triangles,
décuple les bases de ceux dont il est nécessaire d'avoir la
contenance à un mètre près, et développe en conséquence
les divisions de l'échelle qu'elle rend dix fois plus petites.

« La règle d'ébène est pourvue, à l'extrémité opposée
à la charnière, d'une petite vis D sur laquelle le limbe
s'appuie; cette vis est destinée à maintenir le parallélisme qui doit constamment exister entre la première
ligne du limbe et la face extérieure de la règle d'ébène. Si
ce parallélisme se détruit, on le rétablit en serrant ou
desserrant la vis selon que le cas l'exige. Indépendamment
de la règle d'ébène, on en emploie une autre de bois ordinaire E qui ne tient point à l'instrument. Elle sert à maintenir le parallélisme du limbe, lorsqu'il est ouvert sous un
angle quelconque et qu'on fait glisser l'instrument soit à
droite soit à gauche, en le tenant appliqué contre cette
règle. Pour la consolider, lorsqu'elle est placée, on la
garnit de petites pointes à ses extrémités. Pour abréger
nous nommerons dans la suite la ligne *a g* qui passe par
le centre de la charnière, ligne centrale ou *ligne de foi*;
la ligne *hi, première parallèle*; la ligne *k l, seconde parallèle*; la ligne *m n, troisième parallèle*; la division dont la
ligne centrale est la base, *échelle du limbe* ou simplement
l'*échelle*; le point *a centre de la charnière* ou simplement
centre, la règle d'ébène, *règle de l'instrument*; la règle
de bois ordinaire, simplement *règle ordinaire*.

Nous allons donner maintenant la manière d'employer
cet instrument. Soit donné un polygone quelconque, par
exemple l'hexagone *a b c d e f* (*Fig.* 54). Pour en déterminer
la contenance, on prendra l'instrument par les extrémités,
le tenant appliqué contre la règle ordinaire et l'ajustant

sur l'un des côtés du polygone, par exemple, sur le côté
af; on fera coïncider la ligne centrale avec ce même côté,
accordant exactement le centre de la charnière avec le
point *a*, appuyant ensuite la main gauche sur les deux
règles, mais forçant un peu plus sur la règle de l'instrument que sur l'autre; de l'autre main, prenant le limbe
par son extrémité droite et le faisant tourner sur le centre,
jusqu'à ce que la ligne centrale coupe le point *c* dans
cette position, on tiendra toujours la règle de l'instrument, la faisant glisser le long de la première, jusqu'à
ce que la ligne centrale coupe exactement le point *b*. Cette
opération faite, supposant la ligne *c o* dont le point *o* est
déterminé par le centre de la charnière ou bien par la
jonction de la parallèle *b o* avec le côté *af*, il en résultera
un polygone *o c d e f* qui aura un côté de moins que le premier et qui lui sera égal en surface ; car les triangles *c b a*,
c a o sont égaux, puisqu'ils ont même base et même hauteur : donc, si l'on retranche le triangle *c r a* qui leur est
commun, le triangle *c b r* ajouté au pentagone sera égal au
triangle *a o r* retranché de l'hexagone; donc, etc., etc.

« Ce qui vient d'être fait pour l'angle *a b c* se répète
pour l'angle *o c d*. Le centre de la charnière étant toujours
au point *a*, et le limbe, dans sa dernière position, rame-
nant la ligne de foi sur le point *d*, ensuite faisant glisser
l'instrument le long de la règle ordinaire jusqu'à ce que
la ligne précédente coupe le point *c;* par cette seconde
opération le pentagone *o c d e f* est réduit en un quadrilatère *d e f s* de même surface. Enfin, faisant de *e* en *d* ce
qu'on vient de faire de *d* en *c*, le quadrilatère *d e f s* sera
réduit en un triangle *p e f* qui lui sera égal en surface
ainsi qu'au polygone donné *a b c d e f*.

« Le centre étant ainsi arrivé au point *p* (*Fig.* 55), on

fera mouvoir le limbe jusqu'à ce que la troisième parallèle coupe le point f; imaginant ensuite la ligne $e q$ parallèle à la base $p f$ et prolongée jusqu'à ce qu'elle rencontre la ligne centrale, on aura alors, en supposant la ligne $f q$, un triangle $p q f$ compris entre la ligne centrale et la troisième parallèle égale en surface au triangle $p e f$; la contenance du premier se trouvera de suite déterminée par le nombre des divisions de l'échelle comprises entre le point p et le point q; mais comme dans la pratique on ne trace point de parallèle à la base, il faudra pour avoir la contenance du triangle $p e f$, faire glisser l'instrument le long de la règle ordinaire jusqu'à ce que la ligne de foi coupe le point c. Alors comptant sur l'échelle les divisions comprises entre ce dernier point et le centre, on aura la contenance de ce triangle et par conséquent celle de l'hexagone $a b c d e f$.

« Le limbe est divisé en 300 parties qui représentent 30 ou 300 ares suivant que l'on fait usage de la première ou de la troisième ligne parallèle : de sorte que cette dernière devra être employée pour les parcelles excédant trente perches métriques. Quant à celles au-dessus de trois hectares, parmi les divers procédés que l'on peut employer, le plus simple est de les subdiviser pour les calculer ensuite séparément. On pourra néanmoins rendre les divisions du limbe dix fois plus petites en décuplant les bases des triangles très-petits par le moyen indiqué ci-après. Ajustant la ligne centrale de l'instrument sur la base $a c$ du triangle $a b c$ (*Fig.* 56); plaçant la première parallèle au point c, poussant ensuite l'instrument jusqu'à ce que la ligne centrale coupe le point b, alors chaque division du limbe comprise entre le point b et le centre vaudra dix mètres ; mais si on continue à faire glisser l'instrument le long de la règle ordinaire, jusqu'à ce que la troisième parallèle coupe le point *c*, et qu'en fermant l'instrument, on ramène de nouveau la première parallèle au point *c*, qu'ensuite on fasse glisser l'instrument le long de la règle ordinaire jusqu'à ce que la ligne centrale coupe le point *b*, chaque division de l'échelle ne représentera plus qu'un mètre. L'usage de l'instrument fera connaître d'autres procédés que nous n'avons pas jugé à propos de faire connaître ici. Chaque division de la ligne de foi devra être subdivisée en dix parties égales que l'on n'a point exprimées au dessin pour éviter la confusion, elles le sont sur l'instrument exécuté qui porte environ 33 centimètres de longueur, n'y comprenant point celle de la règle ordinaire. On le trouve à Paris, chez Richer, boulevard Saint-Antoine, n° 71. »

21. *Vérificateur.* Cet instrument, d'une grande commodité dans la pratique, sert à vérifier les plans et à préparer les calculs dans la division des terrains. « Le vérificateur, dit M. Hogard, est une simple plaque rectangulaire de glace, contenant deux décimètres carrés divisés par des lignes parallèles gravées en petits carreaux et espacées entre elles de deux en deux millimètres et ayant tout autour des deux décimètres un champ d'environ quatre millimètres de largeur, tel qu'on le voit par la fig. 57 qui contient une partie de cet instrument construit à l'échelle de 1 à 500. La ligne de contour et les autres lignes marquant les divisions de cent en cent mètres sont gravées d'un trait mieux marqué que les autres parallèles tirées de dix en dix mètres, tant en long qu'en travers, et pour plus de facilité dans son usage, on divise en quatre les carrés de centimètres : les carrés des centaines repré-

sentant des hectares, les divisions en quatre contiennent chacune vingt-cinq ares et chaque petit carré marque un are.

« On se sert aussi d'un vérificateur composé d'un châssis rectangulaire de vingt-deux centimètres sur douze dans œuvre, en bois dur, par exemple, de poirier ou de buis et dont le cadre est en règles de deux centimètres d'épaisseur, couvert d'un treillis posant sur une des faces, composé de fils bien tendus de soie rouge pour les hectares, bleu clair pour les quarts d'hectare et noir pour les petits carrés d'un are.

« Pour se servir du vérificateur, on pose la glace ou le châssis en bois sur la carte où se trouve la figure que l'on veut calculer ou dans laquelle on veut établir une subdivision, ayant soin que les fils de soie ou les lignes gravées touchent immédiatement la figure. Après quelques essais, on reconnaîtra qu'avec cet instrument graphique on vérifie lestement les surfaces et qu'il n'est rien de plus commode pour préparer les calculs des divisions à effectuer. Le vérificateur ne comportant qu'une surface de vingt-cinq hectares, il faudra, lorsqu'on aura à vérifier ou à diviser des polygones d'une plus grande étendue, tracer sur les plans des méridiennes et perpendiculaires à distance de 500 en 500 mètres, et soumettre à l'emploi de l'instrument chacun des carrés qui seront en partie occupés par des portions de surfaces à calculer, et tenir en ordre les diverses additions partielles dont la récapitulation donnera la surface totale.

22. *Etui de mathématiques.* On appelle ainsi une boîte qui renferme quelques-uns des instruments que nous avons déjà décrits ainsi que quelques autres. Voici la composition des plus ordinaires : 1° deux rapporteurs, l'un en corne, l'autre en métal ; 2º un grand compas avec une pointe mobile, un porte-crayon, une plume en fer ou tireligne et une allonge ; 3º un compas moyen à pointes fixes ; 4º un petit compas avec pointe mobile, porte-crayon et tireligne ; 5º un tournevis pour les compas ; 6º un tireligne ; 7º le poids d'un fil à plomb ; 8º un compas de proportion ; 9º une règle en ébène ; 10º un crayon ; 11º une équerre pliante en cuivre disposée pour servir de niveau. — Outre ces instruments on doit avoir encore des règles en bois, en cuivre, en verre, de diverses grandeurs ; des équerres de même matière et différant entre elles de formes et de grandeurs ; une aiguille à piquer avec une tête en cire à cacheter ; une roulette pour les lignes ponctuées ; celle-ci se trouve quelquefois dans les boîtes ; enfin de la colle à bouche pour coller le papier sur la planchette.

Pour laver, il faut se procurer six à huit pinceaux de grosseurs différentes, mais assortis deux à deux ; une demi-douzaine de petits godets, de l'eau dans un double vase ; dans un des côtés on place l'eau propre, destinée à délayer les couleurs, dans l'autre celle qui sert à nettoyer les pinceaux ; des plumes de corbeaux ou des bouts d'ailes ; de la colle à bouche.

CHAPITRE V.

De l'Arpentage,

OU LEVER DU PLAN SUR LE TERRAIN ET SON TRACÉ SUR LE PAPIER.

L'arpentage ou lever des plans est l'art de représenter sur

le papier toutes les parties d'un terrain, dans les rapports de leur étendue et de leur position. Cette opération en comprend deux bien distinctes, l'une consiste à déterminer sur le terrain même la position des objets et à trouver leurs distances respectives, ce qui s'appelle proprement *lever le plan*; la seconde consiste à placer sur le papier les objets dont la position a été reconnue, de manière à former une figure semblable à celle du terrain, et cette dernière opération est ce qu'on appelle *la construction du plan*.

Le lever du plan ou l'arpentage, première partie des opérations que nous allons décrire, se compose de directions et de mesures. Les *mesures* se prennent avec la chaîne ou bien encore avec une règle de bois d'un ou de plusieurs mètres de longueur : nous avons aussi vu employer pour la mesure de petits terrains une espèce de long compas à verges non mobiles et écartées entre elles de deux ou trois mètres. Les *directions* s'obtiennent avec des instruments nombreux et que nous avons tous décrits : tels que l'équerre, le graphomètre, la planchette, la boussole, etc., etc. Le choix d'un instrument n'est point une chose indifférente et devra se porter sur tel ou tel, suivant l'exactitude à obtenir ou la rapidité avec laquelle on voudra exécuter. En général l'arpenteur s'habitue à un instrument et ne peut en changer sans que son travail en souffre. Nous allons décrire les divers modes à suivre pour se servir de chacun des instruments les plus employés. Il sera facile de se rendre compte de l'emploi de ceux que nous serons forcés d'omettre, en les rapprochant de ceux qui ont le plus de rapport avec eux. Nous ferons précéder les travaux de directions de ceux que nous avons appelés de mesures ; non pas qu'ils soient complètement séparés dans la pratique, mais pour en rendre l'intelligence plus facile.

1. **Travaux de mesures.**—**Du jalonnage.** Nous avons vu dans le quatrième chapitre de cet ouvrage ce que l'on appelle *jalon;* nous allons dire maintenant comment on doit s'en servir pour tracer sur le terrain une ligne droite que l'on puisse mesurer. Beaucoup d'exactitude dans le jalonnage est nécessaire, car l'œil ne pourrait suivre par les pinnules de l'instrument une ligne courbe et tortueuse : pour obtenir celle-ci droite il faut que chacun des jalons se trouve dans la direction de tous ceux déjà plantés et que l'œil placé en deçà de lui et dans le sens de la ligne, le découvre seul; il doit ainsi masquer tous les autres. Les jalons sont rarement très-droits, mais ils doivent l'être autant que possible, dans le sens du rayon visuel, et, si cela ne se pouvait, on alignerait exactement les sommets.

Lorsque l'on veut jalonner, le géomètre plante le premier jalon et fait partir le jalonneur dans le sens de la ligne que l'on veut tracer. Il lui dit, avant son départ, quelle distance il doit mettre, en pas, entre chaque jalon, à moins de cas particuliers pour lesquels il doit lui donner des instructions. A quarante pas ordinairement du premier jalon, le jalonneur s'arrête et en enfonce un second, se guidant sur les gestes que lui fait l'arpenteur. Ces signes, particuliers à chaque opérateur, ne peuvent trouver place ici; nous dirons seulement que les plus habituels consistent à porter la main du côté où l'on doit reporter un peu le jalon; un signe d'assentiment indique que le point est exact.

Pour ne point errer, le géomètre doit, après avoir

planté le premier jalon, se guider pour le second sur un point pris par terre et au-delà de la place où viendra se poser le second : ensuite il n'aura plus qu'à aligner les jalons à fixer, en les couvrant des deux premiers établis. Si la ligne est très-longue, il se rapprochera de temps en temps du jalonneur, ayant soin pourtant qu'il se trouve entre eux, au moins, quatre ou cinq jalons.

On a quelquefois à mener une ligne droite d'un objet à un autre : il faut alors planter un premier jalon à quelques mètres de celui des deux objets qui sert de point de départ et en placer un second à la distance ordinaire ; puis revenir au premier et aligner le second sur l'objet le plus éloigné et contre lequel doit se terminer la ligne à tracer. On opère ensuite comme nous avons dit plus haut.

Les moyens que nous venons d'indiquer sont bons pour le jalonnage des plaines, mais si la ligne doit se prolonger sur un coteau, on opérera comme nous allons le dire. Au bas du coteau on placera un jalon élevé ayant soin de l'aligner sur ceux établis dans la plaine ; un autre jalon sera mis sur le penchant de la colline et on l'alignera avec ceux de la plaine en faisant passer le rayon visuel par le sommet du jalon du bas du coteau et par le pied de celui de la plaine qui en est le plus près. Lorsque la pente est très-rapide, on rapprochera du jalon du bas du coteau celui de la plaine qui en est le moins éloigné. On jalonnera ensuite toute la pente en prenant pour point de départ le jalon qui est placé au bas du coteau, et l'alignant avec celui qui le suit le premier sur la colline. Pendant ce travail, on le vérifiera de temps en temps en se reportant sur les jalons du coteau et en les alignant avec ceux de la plaine. Pour continuer le jalonnage sur le plateau, il suffit d'en placer un grand à peu de distance de celui du bord de l'escarpement et de l'aligner avec ceux du coteau : cela fait, on opère comme il a été dit, soit que l'on s'arrête sur le plateau, soit que l'on redescende dans la plaine.

Dans le jalonnage, il est quelquefois nécessaire de traverser une vallée, ce qui se fait en descendant et remontant comme nous l'avons dit : puis des deux bords opposés du plateau on aligne en vérifiant sur les lignes établies dans la vallée. Quelquefois les jalons sont très-éloignés, il faut alors les agrandir, les surmonter de signaux ou les viser avec une lunette. Nous parlerons plus loin d'un jalonnage qui s'applique au nivellement.

2. DU CHAÎNAGE. Nous ne reviendrons pas sur la description déjà donnée de la chaîne et dès fiches qui s'emploient avec elle : nous rappellerons seulement à nos lecteurs l'avantage signalé de remplacer la dixième fiche en fer par un piquet de bois. L'arpenteur qui arrache le dernier est ainsi averti de la dixaine de chaînes mesurées et cela sans être obligé de retarder l'opération en comptant les fiches qu'il a relevées. Le porte-chaîne a besoin de beaucoup d'habitude pour bien exécuter son travail ; il porte dans la main gauche ses fiches et dans la droite la poignée de la chaîne et une des fiches. Il se dirige vers le point qui lui a été indiqué soit en suivant la ligne jalonnée, soit en se fixant sur tout autre objet ; il obéit doucement et sans secousses aux ordres de l'arpenteur qui lui indique de se reporter un peu à gauche ou à droite ; il s'arrête aussitôt qu'il sent la chaîne arrêtée par celui qui porte en arrière, puis se baisse comme s'il s'accroupissait et enfonce bien perpendiculairement dans le sol

la fiche qu'il tenait contre le bord extérieur de l'anneau de la chaîne. Il continue ainsi jusqu'à ce qu'il ait enfoncé la dixième fiche ordinairement en bois, s'arrête alors, reçoit les fiches que l'arpenteur a relevées et recommence une seconde *portée*, puis une troisième, une quatrième, etc.

L'arpenteur porte ordinairement la chaîne en arrière ou se fait au moins suppléer par quelqu'un d'habile. Il passe la main dans l'anneau et se sert du bâton de l'équerre qu'il enfonce dans le sol pour obtenir un point d'appui contre la traction de l'autre porteur. S'il ne pouvait ou ne voulait se charger du bâton de l'équerre, si utile cependant, il prendrait au moins un bâton fort et pointu : s'appuyer, dans ce cas, sur la fiche que l'on va relever est insuffisant, parce que celle-ci très-fine et très-mobile cède à la plus légère force. L'arpenteur relèvera toutes les fiches à mesure qu'il avancera, et lorsqu'il en aura dix dans la main gauche, il écrira ce nombre sur un papier dont il sera muni ou indiquera une portée sur un bâton ou par un trait de plume sur du papier. Arrivé à l'extrémité de la ligne mesurée, il notera sur sa cote les décamètres, les mètres et les fractions du mètre que renfermera la portion mesurée de la dernière portée.

En travaillant, l'arpenteur ne se hâtera point trop, et vérifiera ensuite les fiches perdues ou non relevées; et recommencera plutôt l'opération que de risquer d'obtenir un résultat incomplet. Il doit diriger le porte-chaîne et le faire rentrer dans la ligne d'alignement, toutes les fois qu'il s'en écartera. Il tiendra la main à ce que les fiches soient solidement enfoncées et bien perpendiculaires : si quelques-unes étaient un peu obliques, il se placerait au-dessus de la tête sans redresser la fiche, parce

que la tête seule indique le point d'arrivée et de départ
du porte-chaîne. La chaîne doit être bien tendue, mais
sans effort ; la plus faible négligence en cette matière
donnerait pour la ligne une mesure très-fautive. L'arpenteur avertira le porte-chaîne qu'il est temps de s'arrêter et de planter sa fiche, non en employant la parole
mais en lui faisant sentir un temps d'arrêt, en plaçant
l'anneau de la chaîne contre le bâton de l'équerre et em-
brassant celui-ci avec le pouce. On doit en mesurant une
ligne laisser les jalons sur la droite sans traverser d'un
côté à l'autre.

Les surfaces inclinées ne se mesurent point en leur
appliquant la chaîne, mais en tenant celle-ci horizontalement (*Fig.* 58.). Soit, par exemple, la distance AB à mesurer : on partira du point A, et tenant l'anneau de la
chaîne D placé perpendiculairement à A, on placera une
fiche *e*; reportant ensuite l'anneau en E on mettra la fiche
en *f*, puis de F en *g*, enfin de G en B. Ce mesurage des
surfaces inclinées demande une assez grande attention,
afin de tenir la chaîne aussi horizontale que possible.

Cette méthode est bonne sur les surfaces d'une inclinaison modérée, mais il nous semble qu'elle ne peut
donner que des résultats fort incomplets toutes les fois
que les pentes seront de plus de 45 degrés. Il est certain
que dans l'évaluation d'une surface fort étendue, cette
différence est de peu d'importance et même nécessaire
pour obtenir la configuration du sol : mais aussi dans
l'arpentage d'une petite propriété on arriverait à de forts
mauvais résultats. Si cependant on opérait ainsi, on donnerait les différences de grandeur en appliquant, au cas
particulier, une échelle spéciale. On verra plus loin ce que
l'on doit faire pour exprimer par des lignes horizontales

la surface véritable des terrains inclinés. Nous devons répondre ici à quelques objections faites à ce que nous avançons plus haut. On dit que les végétaux s'élevant toujours perpendiculairement, ils ne peuvent croître sur les pentes qu'en raison de la base horizontale de la montagne et non en rapport avec l'étendue véritable du sol. Cela serait vrai si la distance nécessaire entre les végétaux était établie d'après leurs tiges et non d'après les racines : or, il est su de chacun que les racines, moins gênées sur les pentes lorsque le semis est plus clair, fournissent des végétaux plus forts et plus grands. Nous supposons ici que la terre arable est d'une fertilité et d'une épaisseur égales dans les deux cas : on nous objectera peut être que les sols en pente ont une couche d'humus moins épaisse et et que les cultures arables ou forestières y sont exposées à de nombreux accidents ; la réponse est facile, n'en diminuez pas la surface, mais placez-les dans la dernière classe, car si vous le faites en diminuant la surface, vous favorisez ou vous dépréciez doublement.

On peut obtenir quelques résultats de l'emploi de la chaîne et des jalons sans le secours des autres instruments. Nous allons dire ce que nous savons à cet égard.

1. *Avec la chaîne et les jalons mesurer une ligne en partie inaccessible* (*Fig.* 59). La ligne AB ne peut-être mesurée dans toute sa longueur par les moyens ordinaires, parce qu'elle traverse le lit d'une rivière : il faut alors la prolonger jusqu'en C et de ce point mener une ligne jusqu'en E, ayant soin que ces deux lignes forment par leur réunion un angle presque droit. Sur cette ligne CE prenez une longueur quelconque CD et portez-la sur DE : jalonnez ensuite une ligne de D en A, et marquez par un piquet un peu élevé F le point où la ligne BE coupe-

ra celle DA ; prenez alors la mesure de la distance entre
B et F et établissez cette proportion EG : FG ou BF : :
BC : AB, ou si l'on veut pour obtenir la ligne cherchée,
on multipliera la distance BC par FG ou BF, et on divisera le produit par la mesure exacte de EG. Cette règle
fort simple n'a nul besoin de démonstration. Il est encore un moyen plus facile, mais peut-être moins exact.
On plantera au point B, extrémité accessible de la ligne à
mesurer, un jalon bien vertical : en arrière de celui-ci,
mais toujours dans l'alignement de AB, on fixera un second jalon plus élevé que le premier, et dont le sommet
se trouvera en ligne directe avec le haut du jalon placé en
B et le point A. On prendra ensuite la ligne entre le second jalon et le premier, puis la hauteur de chacun des
jalons, et on trouvera la mesure cherchée en faisant cette
proportion : la différence des deux jalons est à la hauteur
du petit jalon comme la distance entre le premier et le
second jalon est à la hauteur cherchée.

2. *Trouver la hauteur d'un point élevé au-dessus de
l'horizon et accessible seulement près de la base qui le
supporte.* Pour être mesuré par le moyen que nous allons
indiquer, le fût ou la tige doit être perpendiculaire à l'horizon. Soit un mât AB (*Fig.* 60). Plantez en D un
jalon DF bien vertical : placez-en ensuite un autre à
quelques pas en avant CE, ayant soin que la ligne visuelle
appliquée au sommet du premier jalon touche en passant
le sommet du second et vienne s'arrêter à la partie la
plus élevée du mât. Prenez ensuite une ligne horizontale
du sommet du premier piquet à un point quelconque du
mât G, et marquez le passage de cette ligne sur le second jalon en H. On peut obtenir le résultat cherché de
cette opération préliminaire en suivant deux modes diffé-

rents. Dans le premier on établit cette proportion basée sur les deux triangles obtenus AGF, EHF : le côté FH est au côté EH comme le côté FG est au côté AG. Les trois premiers termes de la proportion étant connus, il est facile de savoir quelle est la grandeur du quatrième qui, ajouté à la hauteur facile à mesurer de GB, donnera la hauteur du mât proposé. Dans la seconde méthode, on ne tire point la ligne horizontale FG, mais on prolonge en arrière du premier jalon et jusqu'en I la ligne AF, puis on mesure la ligne BI, sa portion CI, la hauteur du piquet CE, et l'on établit cette proportion : IC : EC : : IB : AB.

Il est encore quelques moyens fort simples, mais moins exacts d'arriver au résultat que nous cherchons. Le premier emploie l'ombre donnée par le soleil. On prend pour point de comparaison l'ombre projetée par un piquet planté perpendiculairement sur une aire horizontale. Mesurant cette ombre et celle de l'édifice ou du fût dont la hauteur est cherchée, on obtient cette proportion : l'ombre du piquet est à la hauteur du piquet comme l'ombre du mât est à la hauteur du mât. S'il s'agit d'un clocher ou d'une tour terminée en pointe, on ajoute à la longueur de l'ombre la moitié du diamètre de l'objet à mesurer. Le second des moyens simples est de placer un miroir à plat et à une assez grande distance de l'objet, puis de s'éloigner de ce miroir bien horizontal et de s'arrêter lorsqu'en plaçant l'œil au-dessus d'un jalon que l'on a planté, on retrouve dans le miroir le sommet du mât ou de la tour. Il suffit alors de mesurer la distance du mât au miroir, du miroir au jalon et à la hauteur de celui-ci, puis de faire la proportion suivante : la distance du mât au miroir est à celle du miroir au jalon comme la hauteur du jalon est à celle du mât.

Nous avons voulu donner ici ces deux derniers moyens, quoiqu'ils emploient l'un, l'effet du soleil et l'autre, un miroir, parce que, très-simples tous les deux, on peut les considérer comme ne demandant presque que les jalons et la chaîne.

3. *Ne se servant que d'une chaîne trouver la superficie d'une figure rectiligne.* On doit d'abord faire un canevas ou croquis de la superficie à mesurer (*Fig.* 61). On en mesure ensuite tous les côtés sur le terrain et on note sa longueur près de celui du canevas qui lui correspond. Si l'on peut entrer dans le périmètre de la figure, on mesure les diagonales AD, AC et on calcule l'aire des triangles ADE, ACD, ABC; on additionne ensuite les surfaces de ces triangles et on a celle de la figure proposée. Si on ne pouvait pas entrer au dedans du périmètre de la figure, on connaîtrait les diagonales en agissant ainsi : pour obtenir celle indiquée par les lettres AD, on prolongerait indéfiniment les lignes AE, DE, puis on ferait E*a* égal à EA, E*d* égal à ED, et la distance *ad* sera égale à la ligne AD. On opérera de même pour obtenir AC.

4. *Trouver la surface d'un triangle rectiligne quelconque, dont on connaît deux côtés et l'angle compris, ou les trois côtés.* Ce problème est d'une grande importance, car bien souvent on ne peut suivre tout le contour d'une figure. Dans le premier cas, on multipliera le demi-produit des deux côtés contigus par le sinus de l'angle compris. Dans le second on appliquera la formule suivante :

$$A = \sqrt{s.(s-a)(s-b)(s-c)}$$

dans laquelle A désigne l'aire ou la contenance superficielle du triangle; *s* la demi-somme de trois côtés et *a*, *b*, *c* les trois côtés. On peut traduire ainsi cette for-

mule : faites la somme des trois côtés du triangle et pre-
nez-en la moitié ; de cette moitié, retranchez successivement les trois côtés : vous aurez trois restes que vous
multiplierez entre eux ; multipliez encore le produit par
la demi-somme et prenez la racine carrée du résultat, ce
sera l'aire du triangle proposé. Voici une application
numérique de cette règle. Soient les trois côtés du trian-
gle $a\,b\,c$ respectivement égaux à 208^m, 33, 242^m, 15,
103^m, 14. On aura $s = 276$, 31 et les trois restes seront
68, 48.... 34, 66.... 173, 67. Le produit de ces quatre
nombres est 114103479, 9098, en négligeant les décimales ultérieures. Extrayant la racine carrée, on trouve
10681^m 92, c'est-à-dire que la surface du triangle contient 10681 mètres 92 décimètres carrés. Toute la géométrie des surfaces se réduit, pour ainsi dire, à cette importante formule.

II. **Travaux de direction.** — 4. **De l'équerre d'arpenteur.** Nous avons donné une description suffisante
de cet instrument et nous n'y reviendrons pas ; nous allons donc passer de suite à son emploi sur le terrain.
Rien n'est plus facile, puisqu'il s'agit de faire traverser à
la ligne visuelle le corps de l'équerre, d'abord en suivant
la ligne déjà mesurée ou établie, ensuite en se reportant
sur une nouvelle ligne à observer, à tracer et à mesurer. On
peut employer le graphomètre à la résolution de tous les
problèmes qui vont suivre, et nous n'indiquons l'équerre
que comme étant moins chère, plus transportable et d'un
entretien facile.

1. *Sur une ligne droite et d'un point pris sur cette ligne
élever une perpendiculaire.* Soit le point donné A et la
ligne BE (*Fig.* 62); fichez en terre et au point A le bâton

d'arpenteur, de façon qu'il soit bien perpendiculaire à l'horizon; ensuite tournez l'équerre de manière que par deux ouvertures opposées, on aperçoive alternativement les jalons mis en B et en E; ce résultat obtenu et sans déranger l'équerre, il faut se reporter en dehors de la ligne et regardant vers le point où l'on suppose que la ligne à élever doit tomber, envoyer quelqu'un avec un jalon. On regarde alors par les ouvertures placées à angles droits par rapport aux premières, et l'on fait piquer le jalon aussitôt qu'il est arrivé dans la ligne du rayon visuel : le pied et la tête du jalon doivent être bien perpendiculaires l'un à l'autre. Les ordres de l'arpenteur sont transmis par signes. L'équerre est ensuite enlevée et remplacée par un jalon et la ligne cherchée est trouvée. Si l'on devait élever la ligne cherchée à l'extrémité de la ligne donnée, on le ferait en se mettant au bout de cette ligne et en visant le jalon placé à l'autre bout.

2. *Mener sur le terrain une parallèle à une ligne donnée.* Elevez sur la ligne donnée et au point donné, une perpendiculaire à l'extrémité de laquelle vous mènerez une nouvelle perpendiculaire qui sera la parallèle demandée.

3. *Sur des terrains inégaux mener une ligne droite.* Ce travail n'a rien de difficile, il suffit de tracer d'abord la ligne sur la partie élevée, puis arrivé au bord de l'escarpement, de faire plonger le rayon visuel à travers les pinnules de l'équerre et d'opérer en descendant comme on l'avait fait sur le plateau; de remplacer ensuite le bâton d'équerre par un piquet, de le rapporter dans le bas du vallon, de continuer une ligne droite horizontale ou presque horizontale, si la chose se peut, et enfin de reprendre l'équerre, de la placer au bas de la pente op-

posée à celle mesurée et de travailler en montant comme on l'avait fait en descendant. Arrivé au-dessus de l'escarpement, on continue la besogne, et, si les piquets du premier plateau ne sont point trop éloignés, on les vise pour contrôler et rectifier le travail. Il est certainement possible d'exécuter cette opération avec l'équerre d'arpenteur, et cependant nous devons dire que n'étant pas plongeante, elle est moins commode que quelques-uns des instruments que nous avons indiqués. Sur des pentes rapides on ne pourrait l'employer sans multiplier extraordinairement les jalons et sans augmenter beaucoup le travail.

4. *Trouver la longueur d'une ligne inaccessible en tout ou en partie.* Des difficultés de tous genres peuvent se présenter : nous croyons devoir donner un assez grand nombre de moyens; le premier consiste à élever, à une des extrémités de la ligne, une perpendiculaire à laquelle on en élève une autre indéfinie. Sur cette troisième ligne et de la seconde extrémité accessible de la ligne donnée, on abaisse une troisième perpendiculaire. La ligne d'abord indéfinie, puis limitée par les deux perpendiculaires abaissées des extrémités de la ligne à mesurer, devient la mesure exacte de celle qui était inaccessible. Le second mode à suivre est celui-ci : Elevez sur une des extrémités une ligne quelconque que vous réunirez à l'autre extrémité de la ligne à mesurer, par une ligne droite qui deviendra l'hypothénuse du triangle. A la perpendiculaire élevée vous en éleverez une nouvelle, qui viendra toucher l'hypothénuse en dedans, et vous aurez la proportion suivante : le petit côté du petit triangle est au côté moyen du même triangle comme le petit côté du grand triangle est au côté moyen du grand triangle.

Nous n'avons encore donné que les moyens de mesurer une ligne accessible à ses deux extrémités; si cela ne se pouvait on recourrait aux deux suivants; nous supposerons la ligne AB (*Fig.* 63). A l'extrémité B de cette ligne on élevera une perpendiculaire indéfinie BC; sur cette ligne désignant un point E on le réunira à A, prolongeant ensuite la ligne AB jusqu'en D, on la réunira à E par une ligne perpendiculaire à EA. Il en résultera entre la ligne BD et celle AB une moyenne proportionnelle BE, les lignes BE et BD auront été mesurées bien exactement. Les deux triangles ABE et BED étant semblables on fera cette proportion DB : BE : : BE : AB. Si l'on ne pouvait point élever de perpendiculaire au point B (*Fig.* 64), on prolongerait AB jusqu'en C, et sur ce point on élèverait la perpendiculaire CE. Une nouvelle perpendiculaire EF serait élevée sur CE et de son point terminal F, on tracerait une droite FA, qui couperait en D la première perpendiculaire. On mesurera les lignes CD, DE, EF et on établira la proportion suivante : DE : DC : : EF : AC. Retranchant ensuite du résultat de cette proportion la ligne ajoutée de B en C, on aura AB, la mesure de la ligne demandée.

5. *Trouver la mesure de la surface d'un triangle rectiligne.* Les triangles rectangles sont faciles à mesurer puisqu'il suffit de multiplier l'un par l'autre, les deux côtés qui forment l'angle droit et de prendre la moitié du produit. Mais dans le travail sur le terrain, on trouve rarement des angles exactement droits. Il vaut donc mieux élever, sur un des côtés du triangle pris pour base, une perpendiculaire qui joigne le sommet; mesurez base et perpendiculaire, multipliez le produit de l'un par la moitié de celui de l'autre : le résultat sera la mesure

cherchée. Dans les triangles obtusangles on opérera
ainsi (*Fig.* 65) : on prolongera BC jusqu'en D, et abaissant
de ce point une perpendiculaire sur A , on aura la hauteur du triangle : alors multipliant la moitié du côté AC
par AD, on aura la superficie de la figure. Si l'on peut
pénétrer dans le triangle et si l'un des côtés est inaccessible, on opérera comme nous l'avons vu dans le premier problème de la série précédente. On peut quelquefois prolonger les côtés AC, BC de la figure 66. On
cherchera alors la ligne AB au moyen du triangle CDE.
Ce triangle, égal à celui indiqué, donnera par sa surface
celle cherchée. Si l'on ne pouvait prolonger un des côtés
de la figure comme nous venons de le proposer, ni élever
une perpendiculaire, ni prendre la longueur du côté AB
(*Fig.* 67), on prolongerait jusqu'en E la ligne AC et l'on
réunirait par une ligne droite E et B, afin d'avoir un
triangle égal en superficie à celui que l'on ne peut mesurer. Le nouveau triangle étant accessible serait traité
comme nous l'avons prescrit plus haut. Si l'on ne pouvait
prolonger la ligne jusqu'en E, on la ferait de moitié ou
du quart de la longueur, et la mesure trouvée devrait
être doublée ou quadruplée pour être la véritable. On
pourrait encore, comme il est indiqué dans la même
figure, et si l'on ne pouvait prolonger aucun des côtés,
élever sur AC une perpendiculaire assez longue pour que
l'on puisse de son extrémité en abaisser une autre sur B.
La perpendiculaire CL équivaudrait à celle que l'on aurait
dû abaisser du sommet du triangle sur sa base et donnerait la superficie cherchée en multipliant par elle la moitié
de cette base. Il est encore quelques autres moyens que
nous n'indiquerons point ici, parce qu'ils nous semblent
être tout-à-fait du ressort du graphomètre et de quelques

autres instruments dont nous parlerons plus loin. Nous donnerons ici une observation que nous avons eu occasion de faire et qui vient réparer le résultat vicieux signalé par quelques auteurs; nous voulons parler du danger que court l'opération, lorsque la hauteur qui, dans la mesure, sert de multiplicateur, est mal prise. En effet, la plus petite erreur se répétant un grand nombre de fois, rend le travail tout-à-fait défectueux ; aussi pour empêcher ce fâcheux résultat, conseillerons-nous de prendre le multiplicande ordinaire pour multiplicateur et réciproquement, toutes les fois que l'on supposera plus d'erreurs dans l'un que dans l'autre.

6. *Trouver la mesure de la surface d'un trapèze.* Il suffit de multiplier la somme des deux côtés parallèles par la moitié de la base ; le produit sera la mesure cherchée de la superficie.

7. *Trouver la mesure de la surface d'un quadrilatère dont les côtés non parallèles sont inégaux* (*Fig.* 68). On abaissera des points C et D des perpendiculaires au côté AB pris pour base ; on mesurera ensuite les distances du point A au point E et de celui-ci à C. On opérera de même de F en B et de F en D. Il ne restera plus alors qu'à mesurer le trapèze comme nous venons de l'indiquer plus haut, puis les triangles des extrémités, et l'addition des trois sommes donnera la somme totale.

8. *Trouver la surface d'une figure irrégulière.* Soit le polygone irrégulier (*Fig.* 69). Après avoir fait un canevas ou grossière esquisse de la figure, il faut planter des jalons à tous les angles sortants et rentrants du polygone, après quoi on détermine un alignement à volonté, tel que AB, pour servir de base à l'opération : on élevera ensuite sur cette base les perpendiculaires CC', DD' EE', FF', GG'

que l'on chaînera ainsi que les distances AC', C'D', D'E',
E'F', F'G', G'B, dont la somme donne la longueur de AB,
et l'on tiendra note sur l'esquisse de toutes les distances
mesurées. Ayant élevé de l'autre côté de la base les perpendiculaires RR', SS', on les chaînera ainsi que les distances BR', R'S', S'A, dont la somme devra être égale à
celle déjà obtenue pour AB en allant de A vers B, et l'on
notera toutes ces distances sur l'esquisse. Pour les points
H, I, K, L, etc., appartenant à la partie BHIKLMNOPTR
du périmètre, afin d'éviter la confusion sur la base AB on
prendra un autre alignement, tel que BR, sur lequel on
élevera la perpendiculaire HH', II', KK', LL', MM', NN',
OO', PP', TT' que l'on chaînera ainsi que les distances
BH', H'I', I'K', K'L', L'M', M'N', N'O', O'P', P'T', T'R,
dont la somme donnera la longueur de BR, et l'on inscrira
la longueur de chacune de ces distances. Ces indications
écrites, le travail sur le terrain sera terminé, on n'aura
plus qu'à dresser le plan. Pour cela on tracera sur le papier une droite AB, à laquelle on donnera autant de parties
de l'échelle que AB du terrain contient d'unités de
mesure, et sur laquelle on indiquera AC', C'D', D'E',
E'F', F'G', G'B proportionnelles aux distances AC', C'D',
D'E', etc., du terrain : puis par les points C', D', E', F',
G' on élevera des perpendiculaires sur AB du plan, com-
posées d'autant de parties de l'échelle que CC', DD', EE',
FF', GG' du terrain contiennent d'unités de mesure, ce
qui déterminera les points C, D, E, F, G du plan, que l'on
unira par une droite pour avoir cette partie du périmètre
du polygone. On agira ensuite au-dessous de la ligne AB
comme on l'a fait en dessus, abaissant les perpendiculaires S'S, R'R, et faisant passer par leurs extrémités et
par AB des droites qui les réuniront.

Pour terminer le tracé entier du polygone et placer les points H, I, K, L, M, N, O, P, T, indiqués sur le canevas, on tirera la ligne BR et on déterminera sur elle, et cela proportionnellement aux distances trouvées sur le terrain, les points H', I', K', L', M', N', O', P', T' : de ces points on abaissera les perpendiculaires H'H, I'I, K'K, etc., proportionnelles à celles mesurées sur le terrain ou, si l'on veut, contenant autant de parties de l'échelle que les lignes semblables jalonnées sur le terrain renfermaient d'unités de mesure. Les points H, I, K, L, M, N, O, P, T déterminés sur le plan et réunis par des lignes droites qui se prolongeront d'un côté jusqu'en B et de l'autre en R, on aura le périmètre demandé du polygone et son tracé sera la représentation fidèle et proportionnelle du contour du terrain.

Lorsque le nombre des perpendiculaires élevées sur un même alignement est très-grand, il en résulte de la confusion : on doit alors déterminer plusieurs bases sur chacune desquelles on opère de la même manière, et pour n'avoir point de grandes perpendiculaires à chaîner, on peut choisir les alignements ou bases près du périmètre de la figure.

On peut avoir besoin de déterminer la position de quelques points intérieurs du polygone tels que X, Y, Z ; il faudra, pour obtenir le résultat cherché, prendre dans l'intérieur du polygone un alignement quelconque joignant le contour de la figure, tel que AG, puis élever et abaisser les perpendiculaires XX', YY', ZZ' que l'on mesurera ainsi que les distances AX', X'Y', Y'Z', Z'G et pour rapporter ces points sur le plan on se conduira comme pour le périmètre.

Dans l'espèce de travail que nous venons de décrire, il

est quelques soins que l'on doit prendre, si l'on veut opérer vite et juste. La base ou alignement sur lequel on élevera ou abaissera les perpendiculaires sera tracé dans le sens le plus long du polygone : ce qui est nécessaire pour que cette ligne reçoive toutes les perpendiculaires. L'arpenteur fera le tour de la figure, placera un jalon au sommet de chaque angle et tracera une esquisse grossière du polygone, esquisse nommée ordinairement *canevas* : il faut que dans ce croquis se retrouvent tous les angles du terrain à reproduire sur le plan. Les jalons de la base ou alignement et ceux des perpendiculaires seront suffisamment rapprochés. Les longueurs cotées peuvent être calculées de suite, de manière à donner après le travail sur le terrain un premier résultat certain. Nous ne répéterons pas ici le moyen de faire cette opération. Dans la pratique, lorsque les sinuosités ne sont pas trop considérables, on a coutume de les rectifier par des lignes droites conduites de manière qu'elles laissent d'un côté à peu près la valeur du terrain qu'elles retranchent de l'autre.

Il est quelques modifications à la règle que nous avons tracée, modifications qui varient suivant les circonstances où se trouve placé l'arpenteur : nous n'en dirons rien parce qu'elles sont ordinairement le fruit de la pratique et que, dans tous les cas, elles trouveront leurs explications dans le cours de cet ouvrage.

9. *Mesurer un canton borné par deux chemins et connaître la contenance de chaque pièce.* Lorsqu'il s'agit de mesurer un espace étendu, renfermant des propriétés de divers genres et appartenant à plusieurs, on peut faire pour chacune une opération différente, les rattachant cependant à des bases générales. Le travail ainsi exécuté

donne des résultats d'une exactitude presque parfaite ; cependant on réussit encore mieux en exécutant l'opération ainsi que l'indique Lefèvre, Paris, 1806, page 121.

Commencez par faire le tour du canton à mesurer (*Fig.* 70) et placez des jalons aux extrémités des différentes propriétés : faites une esquisse grossière ou canevas de ce canton, et mesurez-en la totalité sans vous arrêter aux différentes divisions. Pour cela prenez la ligne AC pour base de toute l'opération et mesurez, en partant du point A jusqu'au point a, où doit être élevée une perpendiculaire à l'angle D ; mesurez cette perpendiculaire aD sans vous arrêter et en retournant au point a, mesurez du point D jusqu'au point y, où doit être élevée une perpendiculaire yE et que vous mesurerez ; mesurez encore $y a$ et voyez si la somme des deux parties Dy, $y a$ est égale à la ligne aD mesurée d'une seule fois. Continuez à mesurer du point a au point b, où doit être élevée une perpendiculaire à l'angle C, et prenez les distances bB, bC ; réunissez les parties mesurées sur la base AB et voyez si elles se rapportent avec la somme que vous trouverez en mesurant cette base sans vous arrêter ; enfin, calculez la superficie du canton ABCDE. En supposant Aa =15, $a y$ = 20, E y=20, D y = 30, ab = 60, bB = 10 et bc = 40, on trouvera cette superficie de 3550.

Pour avoir la surface de chaque propriété composant ce canton, élevez sur AB une perpendiculaire au point N et une autre au point G ; mesurez sN sans vous arrêter, et en retournant au point s prenez la distance du point N au point t, où doit être élevée une perpendiculaire tM ; mesurez as, sL, Li et avancez en mesurant sur iG jusqu'aux points k, l, m, n, où doivent être élevées des perpendiculaires aux extrémités P, O, R, S ; mesurez aussi nG et seulement les deux traverses Pk, lO. Faites la somme des quantités trouvées, en mesurant iG, et voyez si elles s'accordent avec bC augmenté du quatrième terme de cette proportion : $ab : a$D — bC :: $ib : x$. Si, par exemple, $as = 20$, sL $= 6,3$, L$i = 11$, on aura $ib = 22,7$ et la proportion ci-dessus sera : $60 : 10 :: 22,7 : x$, d'où l'on tire $x = \frac{227}{60} = 3,783$; c'est-à-dire que iG $= 40 + 3,783$.

Mesurez iQ et portez-vous sur la perpendiculaire bC sur laquelle vous avancerez en mesurant jusqu'aux points c, d, e, où doivent être élevées des perpendiculaires aux extrémités K, I, H : mesurez aussi la partie eC et vérifiez si la somme de toutes ces quantités se rapporte à celle trouvée en mesurant bC d'une seule fois. Tout étant ainsi mesuré sur le terrain, on calculera la surface de chaque propriété de la manière suivante :

Pour calculer la surface de la figure AEML, cherchez d'abord la perpendiculaire tM, par cette proportion : $26 : 6,3 :: 10 : t$M; d'où l'on tire tM $= 2,423$. Puis, en imaginant les perpendiculaires vM, e'E, vous aurez évidemment e'E $= 20$, $e'v = 42,423$ et vM $= 16$: on pourra donc calculer la surface de cette figure puisqu'on connaîtra aussi e'A $= 5$ et vL $= 3,877$. Cette surface est égale à $(18 \times 42,423 + 8 \times 3,877 - 10 \times 5) = 744,63$.

Pour obtenir la surface de la figure LNOPQ, cherchez la distance $io' = s$N $+$ le 4ᵉ terme de cette proportion : $i\,s + l\,$O $: i\,l - s\,$N $:: i\,s : x$, ou $24,3 : 5 :: 17,3 : x$; d'où l'on tire $x = 3,559$: par conséquent, $i\,o' = 29,559$. Calculez le quadrilatère LN o' i, le trapèze $i\,k$ PQ et le quadrilatère $k\,o'$ OP ; réunissez ces trois quantités et vous aurez la surface cherchée de $596,69$.

Pour calculer EFRONM, il faut connaître $a\,x$, $a\,z$, Fr,

$i\,r'$, $o'\,r'$ et $m\,R$; pour trouver $a\,x$, on a cette équation à résoudre :

$$a\,x = v\,M + \left(\frac{e\,E - v\,M}{e'\,v} \right) \times a\,v$$

$$= 16 + \frac{4 + 22,423}{42,423} = 18,114.$$

afin de connaître $a\,z$, il faut résoudre cette autre équation :

$$a\,z = i\,m + \frac{(a\,r - i\,m)(m\,R + a\,i)}{F\,r + a\,i + m\,R}$$

$$= 34 + \frac{4 \times 42,657}{50,657} = 34 + 3,368 = 37,368$$

Si du facteur $(m\,R + a\,i)$ on retranche $a\,i$, la même équation fera connaître $i\,r'$, car on a

$$i\,r' = i\,m + \frac{(a\,r - i\,m) \times m\,R}{F\,r + a\,i + m\,R}$$

$$= \frac{34 + (4 \times 5,357)}{50,657} = 34,423 \,;$$

et si l'on retranche $i\,o'$ de $i\,r'$, on aura

$$o'\,r' = 4,864.$$

On trouvera la perpendiculaire

$$m\,R = \frac{l\,O \times G\,m}{G\,l} = \frac{7 \times 9,783}{12,783} = 5,357,$$

et celle

$$F\,r = \frac{D\,r \times y\,E}{D\,y} = \frac{12 \times 20}{30} = 8.$$

Une fois ces distances connues, on calculera le trapèze $a\,z\,r'\,i$, le quadrilatère $o'\,r\,RO$ et le quadrilatère $EF\,z\,x$; et si de la somme de ces trois quantités on retranche celle des quadrilatères $a\,x\,M\,L$, $L\,N\,i\,o'$, il restera la surface demandée de 819,78. Puisqu'on connaît $a\,z$ et $i\,r'$ on connaît aussi $D\,r$ et $G\,r'$: ainsi, pour avoir les surfaces $FDGR = 485,75$, il ne s'agira que de multiplier 1° ($z\,D + r'\,G$) par $\frac{a\,i}{2}$; 2° $z\,D$ par $\frac{F\,r}{2}$; 3° $r'\,G$ par $\frac{m\,R}{2}$. Pour

calculer la superficie des autres figures, on imaginera *o P p* parallèle à *i* G et on cherchera comme ci-
dessus la largeur de chacune de ces figures sur les lignes
o p, b C, ainsi que les distances *n* S, *c* K, *d* I, *e* H. Ces dimensions étant trouvées et arrêtées sur le canevas, comme
on le voit sur la figure 70, on trouvera QPKB = 422,83,
POIK = 240,76, OSHI = 146,5 et SGCH = 93,06.
Toutes ces quantités réunies donnent une somme précisément égale à celle qu'on a trouvée en mesurant tout
le canton sans s'arrêter aux divisions. Si le terrain pré-
sentait trop de difficultés pour prendre tout le canton
à la fois, on pourrait mesurer séparément chacune des
portions qui se labourent dans le même sens et faire ensuite dans chacune les opérations nécessaires pour être
en état de calculer la superficie de chaque propriété.

On pourra objecter au travail que nous venons d'indiquer que le calcul qu'il faut faire pour connaître la superficie de chaque propriété est aussi long que si l'on
mesurait chaque pièce séparément. On répondra à cette
objection qu'il y a des cas où le calcul s'abrége considé-
rablement ; que d'ailleurs, l'opération sur le terrain étant
moins longue et moins compliquée, il en résulte nécessairement plus d'exactitude.

10. *Trouver sur le terrain le diamètre d'une circonférence* (*Fig.* 71). Soit la circonférence ABCA : on placera
en B ou partout ailleurs une équerre d'arpenteur, et on
prolongera les lignes BA, BC indiquées par les rayons visuels que l'on projette par les ouvertures de l'instrument,
ayant soin que les deux lignes forment un angle droit en
B, condition facile à obtenir en employant l'équerre.
Réunissant AC, on aura le diamètre demandé. On peut
encore trouver sur le terrain le diamètre d'un cercle en

lui inscrivant une corde sur le milieu de laquelle on élevera une perpendiculaire. Celle-ci prolongée en dessus et en dessous jusqu'à la circonférence, sera le diamètre demandé. Nous avons cru devoir indiquer ici la résolution de ce problème, parce qu'il est plus facile de mesurer un diamètre sur le terrain que de prendre le développement de la circonférence : or, en se rapportant à ce que nous avons dit du rapport qui existe entre le diamètre et la circonférence, on pourra toujours obtenir du premier la grandeur de la seconde, et en multipliant celle-ci par la moitié du rayon ou le quart du diamètre, on aura la mesure de sa surface.

11. *Trouver sur le terrain de la manière la plus approximative la surface d'une ellipse.* Il faut d'abord mesurer le grand et le petit axe et chercher entre eux une moyenne proportionnelle. Si nous supposons le grand axe de 6 et le petit de 2, nous établirons la proportion suivante ; $6 : x : : x : 2$, d'où $x^2 = 12$, ou si l'on veut, le carré de la moyenne proportionnelle est égal au produit des axes, donc elle est égale à la racine carrée du produit de ces mêmes axes qui est 3,4641. On cherchera alors la surface d'un cercle dont le diamètre est 3,4641, surface qui sera aussi celle de l'ellipse.

Les surfaces courbes se présentent trop rarement dans la pratique, pour qu'il soit nécessaire à un arpenteur de connaître les règles qui s'appliquent à leur mesure : il vaut beaucoup mieux les décomposer en triangles et en quadrilatères, et compenser ce qui est compris sous les lignes circulaires. Ces considérations nous empêcheront de nous étendre davantage sur le cercle, l'ellipse, l'ovale, la parabole, l'hyperbole, les courbes mécaniques et géométriques : les sections coniques, n'étant jamais présentées régulières dans la nature, sont de peu d'importance pour le Géomètre-arpenteur : appliquées elles doivent être réservées aux mécaniciens et aux architectes.

12. *Tracer sur un plan les parties curvilignes, telles que les sinuosités d'une rivière.* Par deux points MP (*Fig.* 72), dont la position aura été rapportée sur le plan par quelque moyen que ce soit, imaginez un alignement MP, sur lequel vous choisirez des points N, O, R, S, tels que les rayons visuels NA, OB, RC, SD soient perpendiculaires sur MP, alors vous mesurerez les distances MN, NO, OR, RS, SP, ainsi que les perpendiculaires, NA, OB, RC, SD. Joignant sur le papier le point *m* au point *p* par une droite légèrement tracée, prenez les distances *mn, no, or, rs, sp,* d'autant de parties de l'échelle que les distances NA, OB, etc. , contiennent d'unités de mesure, ce qui déterminera sur le plan les points *a, b, c, d,* du contour de la rivière.

5. Du GRAPHOMÈTRE. Nous avons décrit longuement le graphomètre dans le chapitre des instruments, et nous allons passer de suite à l'énumération des opérations auxquelles on l'emploie, après avoir toutefois recommandé de le vérifier de temps en temps pour s'assurer que les pinnules se correspondent exactement.

1. *Mesurer la grandeur d'un angle dont le sommet est accessible.* Une précaution importante et sans laquelle l'arpenteur n'obtiendra que de fort mauvais résultats, est de rendre le graphomètre parfaitement horizontal. Pour résoudre le problème proposé on place le pied de l'instrument sur le sommet de l'angle à mesurer, ayant soin que le centre du graphomètre soit bien perpendiculaire à ce sommet : on s'assure de ceci en faisant passer

par ce centre et couler jusqu'au sommet de l'angle un petit plomb suspendu à un fil. On nivelle la table de l'instrument au moyen d'un petit niveau et lorsqu'on est sûr de la bonne disposition du graphomètre on serre la vis de pression placée sur le genou, et l'on peut travailler avec sécurité. Le diamètre fixe est alors aligné sur l'un des côtés de l'angle, et l'alidade mobile se place dans la direction du second. Il suffit ensuite de prendre le nombre de degrés et de minutes compris entre les lignes tracées sur le milieu des diamètres et l'on cote cette quantité sur le canevas, quantité qui, donnant l'ouverture de l'angle, en fournit aussi la valeur. Nous avons dit à l'article *Graphomètre* du chapitre des *instruments*, que l'on trouvait à l'extrémité de l'alidade mobile un *vernier* ou *nonius*, suppléant de la graduation tracée sur le limbe : les personnes peu habituées à l'arpentage feront bien de recourir à cet article pour ne pas errer.

2. *Mesurer la grandeur d'un angle dont le sommet est inaccessible* (*Fig.* 73). Il faut placer deux jalons en *d* et en *e* et deux autres en *b* et en *c*, ayant soin qu'ils soient tous les quatre à une distance égale et semblable des deux côtés AB, AC de l'angle à mesurer. Les lignes formées par les jalons seront prolongées jusqu'en *a*, et de ce point on prendra l'ouverture de l'angle comme nous l'avons dit plus haut. Cette mesure est celle de l'angle *bac* égal en tout à BAC. Cette opération peut-être faite au dedans de l'angle aussi bien qu'au dehors. On peut encore, si des difficultés s'opposent à ce que l'on opère comme nous venons de le dire, réunir les deux extrémités BC des côtés de l'angle, prendre la valeur de ces deux angles nouveaux et en soustraire la somme de 180, le reste sera la mesure de l'angle. Si enfin on ne pouvait approcher

les deux points B et C , on prolongerait le côté BA en E
et le côté CA en D , puis réunissant E et D , on opérerait
comme nous venons de le dire pour B et C.

Les angles trop obtus ou trop aigus sont difficiles à
mesurer, et l'on obtient rarement quelque chose d'exact.
On fixe 15 degrés et 150 degrés comme les deux points
au delà desquels il n'est rien d'assuré. Les alidades en se
recouvrant s'opposent aussi à la mesure des angles trop
ouverts ou trop fermés. Dans le cas d'une trop grande
obtusité , on peut couper l'angle en deux et opérer en
deux fois; dans le cas opposé, l'agrandir d'une quantité
connue que l'on soustraira après l'opération.

3. *Décrire un angle d'une grandeur déterminée sur une
ligne droite donnée, le sommet devant être en un point
donné sur la ligne.* Faites planter un piquet sur la ligne
donnée et placer perpendiculairement au-dessus du point
indiqué comme sommet de l'angle, et bien horizontalement le graphomètre ; tournez le diamètre fixe de celui-ci,
jusqu'à ce qu'il se trouve dans l'alignement indiqué par
le piquet, puis, faites marcher l'alidade mobile jusqu'à
ce que l'échelle indique entre les deux diamètres , l'ouverture demandée pour l'angle cherché; placez un piquet
dans le prolongement du rayon visuel de l'alidade mobile
et votre angle sera tracé. Ce mode d'opérer peut s'appliquer à toutes les constructions d'angles sur le terrain,
soit que l'on obéisse à des règles écrites, soit que l'on
calque, pour ainsi dire , un autre angle établi.

4. *Elever sur le terrain une perpendiculaire à une
ligne droite.* Cette opération est aussi facile avec le graphomètre qu'avec l'équerre ; il suffit d'aligner le diamètre
fixe avec la ligne droite, de mettre l'alidade mobile sur le
chiffre 90 du limbe, et de placer un ou plusieurs jalons sur

la ligne ainsi indiquée. Quelquefois on ne peut apercevoir le point d'où l'on doit abaisser la perpendiculaire, il faut alors s'écarter du point donné sur la ligne connue, mais sans quitter celle-ci, et seulement jusqu'à ce que l'on aperçoive le point indiqué comme devant servir de point de départ à la perpendiculaire. Alignant alors l'alidade mobile sur le jalon placé sur ce point et l'alidade fixe sur la ligne donnée, on aura la valeur du premier angle; puis plaçant le graphomètre au point donné, duquel on doit abaisser la perpendiculaire, on disposera les alidades de manière à obtenir avec l'angle connu ce qui est nécessaire pour égaler un angle droit. L'alidade mobile qui se trouvera alors perpendiculaire à la ligne donnée, présentera l'indication de la ligne à tracer, ligne qui sera elle-même perpendiculaire à cette ligne donnée.

5. *Un point étant donné hors d'une ligne droite, mener une parallèle à cette ligne droite en passant par le point donné.* Nous avons déjà indiqué un moyen d'arriver à cette solution avec l'équerre, et rien n'empêche de suivre la règle indiquée tout en se servant du graphomètre. Voici cependant un autre mode basé sur cette proposition que les angles alternes internes sont égaux. On place au-dessous ou au-dessus de la ligne donnée un graphomètre, et l'on trace de son pied une ligne oblique qui vient tomber sur la ligne donnée : remplaçant alors le graphomètre par un piquet, on l'apporte sur la ligne donnée au point où tombe la ligne oblique et on prend la valeur ou ouverture de l'angle formé par l'insertion de la seconde ligne sur la première ; puis rapportant le graphomètre sur son premier gîte d'où on enlève le piquet, on s'en sert pour tracer, le long de la ligne oblique, l'angle relevé contre la ligne donnée : la nouvelle ligne qui, pas-

sant au bout de la ligne oblique, formera un des côtés de l'angle, sera cette parallèle demandée.

6. *Trouver la distance entre deux objets donnés entre lesquels il existe un obstacle infranchissable.* Tracez une ligne (*Fig.* 74) qui soit de telle façon que l'on puisse aller de l'une de ses extrémités C à l'autre, celle-ci se confondant avec l'un des bouts de la ligne à mesurer A, et que de la première extrémité A on aperçoive la seconde B de la ligne donnée. On prendra la valeur de l'angle BCA et celle de la ligne AC ; on opérera de même sur l'angle ABC et on trouvera la distance en opérant comme nous l'avons déjà dit ; car ici on connaîtra deux angles et un côté. Il arrive quelquefois que les deux points de la ligne sont inaccessibles ; il faut alors prendre à quelque distance de celle-ci deux points assez éloignés entre eux et qui se trouvent entre eux dans une position presque parallèle à la ligne donnée. De ces points que nous nommerons C et D, on devra apercevoir les deux points extrêmes A et B de la ligne donnée. De C et avec le graphomètre on observera la valeur des angles que AC et BC font sur CD que l'on mesurera : on opérera ensuite sur D comme on l'a fait sur C. Connaissant donc dans le triangle BCD tous les angles et le côté CD, on pourra trouver le côté CB. Le côté AC du triangle ACD sera trouvé de la même façon. Enfin dans le troisième triangle ABC on connaît le côté AC et le côté CB, de plus l'angle C, on trouvera donc facilement le côté cherché.

7. *Mener une parallèle à une ligne inaccessible et en passant par un point donné.* Soit A le point donné (*Fig.* 75) et BC la ligne inaccessible ; on remarquera sur cette ligne deux points DE, et en prenant un point quelconque que nous supposerons en F accessible depuis A et placé de manière que l'on puisse en apercevoir D et E. Tout étant ainsi établi, on cherchera la valeur des angles EAF, DAF, on mesurera la distance AF et on prendra l'ouverture des angles AFD, AFE. Se servant des premiers calculs on mesurera les deux côtés AD, AE et la valeur de l'angle AED : enfin, on fera au point A un angle EAG égal à AED, et la ligne AG sera la parallèle cherchée.

8. *Mesurer avec le graphomètre la hauteur d'un objet dont la base est accessible.* Deux cas se présentent ici. Dans le premier, le sol sur lequel repose la base de l'objet est de niveau avec l'endroit où se place l'observateur : il faut, pour obtenir la hauteur cherchée, placer le graphomètre dans une position verticale, de sorte que le diamètre fixe soit exactement perpendiculaire à l'horizon : braquant alors l'alidade mobile sur le point, le plus éloigné du sol, de l'objet à mesurer, on se trouve avoir un angle formé par la verticale qui passe par le milieu du diamètre fixe et par la ligne oblique donnée par l'alidade mobile, puis le supplément de cet angle ayant pour un de ses côtés l'oblique et pour l'autre une ligne horizontale qui se rendrait du graphomètre à l'objet à mesurer. La hauteur cherchée sera alors facile à trouver, car on connaîtra dans le supplément un côté formé par la ligne horizontale, l'angle compris entre cette ligne et le diamètre mobile du graphomètre et un autre angle nécessairement droit, puisqu'il a pour côtés la ligne horizontale connue et la paroi perpendiculaire de l'objet à mesurer. Connaissant donc la longueur de la ligne horizontale et les deux angles prénommés, on aura la hauteur de l'objet donné en ajoutant au côté perpendiculaire du triangle la hauteur du graphomètre.

Dans le cas où le sol ne serait point de niveau, on

marquerait sur l'objet à mesurer un point placé à la hauteur du graphomètre. L'opération se conduirait comme la précédente avec cette différence que l'on devrait prendre pour l'angle formé par la paroi perpendiculaire de l'objet à mesurer et la ligne imaginaire partant du graphomètre, allant à la paroi sus-indiquée et parallèle au sol, l'ouverture ou la valeur de l'angle établi par le diamètre fixe du graphomètre placé verticalement et l'alidade mobile, visant le point désigné comme étant au-dessus du sol d'une hauteur égale à la sienne.

9. *Mesurer avec le graphomètre la hauteur d'un objet dont la base est inaccessible.* Soit l'objet élevé CP (*Fig.* 76), dont le pied P est inaccessible. Prenez deux points AB qui soient de niveau avec le pied de la tour, afin d'y placer le pied du graphomètre dont le diamètre fixe devra être mis dans une position bien verticale, au moyen d'un fil à plomb avec lequel ce diamètre doit coïncider dans toute son étendue ; observez les angles CAD, CBE et mesurez AB ; alors dans le triangle ABC connaissant AB, ABC complément de CBE et BAC $=$ CAD $+$ 90°, vous calculerez AC. Dans le triangle rectangle APC connaissant AC et ACP $=$ CAD, vous calculerez CP hauteur demandée. Si l'on ne trouvait pas deux points qui fussent de niveau avec le pied de la tour, on se conduirait comme dans le problème suivant.

10. *Trouver la hauteur d'une montagne au-dessus d'un point.* S est le sommet de la montagne ; P représente le point où tomberait le fil à plomb tendu du sommet sur le terrain de niveau avec le point donné A (*Fig.* 77). Dèslors SP est la hauteur qu'il faut trouver. Ayant pris et mesuré une base AB, qui pour plus de généralité est supposée n'avoir pas son extrémité B de niveau avec A, on

observera les angles SAB, SBA en plaçant le graphomètre comme il a été indiqué; après quoi on calculera le côté AS du triangle ASB. Fixant ensuite au point A le diamètre fixe du graphomètre dans une position bien verticale, on mesurera l'angle SAC; alors connaissant dans le triangle rectangle ASP, l'hypothénuse AS et l'angle SAP complément de SAC, on pourra calculer SP qui est la hauteur cherchée.

11. *Trouver du sommet d'une hauteur commune la distance horizontale de deux points donnés.* Ce problème se présente, lorsque voulant connaître la distance de deux objets éloignés l'un de l'autre, on éprouve de la difficulté à les apercevoir de deux points du terrain, ce qui rend impraticable les procédés indiqués. Soit AB (*Fig.* 78) cette distance horizontale; obtenez l'angle BCP, et dans le triangle rectangle BCP, calculez CB; observez l'angle ACP et calculez le côté AC du triangle rectangle ACP; enfin observez l'angle ACB et le triangle ACP dont les deux côtés AB et BC sont connus, ainsi que l'angle compris, calculez le côté AB demandé. Il faut considérer que si les deux points A et B n'étaient point dans le même plan horizontal, AB ne serait plus la distance horizontale; pour l'obtenir, il faudrait après avoir observé BCP, ACP, calculer BP, AP, côtés des triangles rectangles BCP, ACP; observez ensuite l'angle ACB qu'on réduirait à l'horizon pour avoir l'angle APB; alors connaissant dans ce triangle les deux côtés PA, PB et l'angle compris APB, on calculerait la distance horizontale de A à B, qui est le côté de ce triangle opposé à l'angle APB.

Avant de passer à la mesure des surfaces étendues,

nous devons dire ce que l'on entend par triangulation,
par réduction des angles au centre, par réduction des angles à l'horizon et par canevas.

La triangulation n'est indispensable que dans le lever
des plans d'espaces fort étendus, mais elle est utile dans
tous ceux où il s'agit de reproduire des surfaces un peu
grandes. « La triangulation, dit le savant M. Busset, est la
première et la plus difficile opération du géomètre. Elle
est aussi la plus importante, puisque de son exactitude
dépend celle du plan d'une commune.» La triangulation
consiste à relever autant de points qu'on le pourra et à
les choisir de façon que les lignes tirées de l'un à l'autre,
servent de bases aux opérations du détail. Ces bases doivent
être aussi peu longues que possible et bien déterminées.

La triangulation s'effectue au moyen de signaux, jalons
gigantesques et d'instruments d'une grande exactitude.
Les signaux les plus communément employés sont des
perches de douze à quinze pieds, surmontées d'une petite
botte de paille. Le pied de ces perches est fiché dans une
pyramide de gazons ou de grosses pierres destinée à
garder le souvenir d'un point déterminé, dans le cas où
le vent ou bien encore d'autres causes auraient dérangé la
perche. Dans les travaux d'une très-grande importance,
telle que la carte de France, on établit des signaux fort
élevés, lorsqu'il ne se trouve pas au-dessus du sol des
points placés à une hauteur suffisante. C'est ainsi que l'on
rencontre, au milieu de la campagne, des pyramides de
charpente qui portent à leur sommet éloigné du sol de
50 ou 60 pieds, une petite loge dans laquelle se place
l'observateur. Il faut pour prolonger, d'un de ses signaux
à l'autre, le rayon visuel, des instruments à lunettes

d'une grande perfection et d'un foyer étendu. Ce serait
dépasser les bornes dans lesquelles nous devons nous
renfermer que de traiter d'opérations aussi importantes ;
nous nous contenterons d'observer que la triangulation
n'est autre chose que le tracé de lignes partant de points
fixes à d'autres points de même nature, établies pour que
l'arpenteur puisse trouver souvent des bases connues,
contrôler ainsi son travail et ne mesurer que des lignes
courtes et des espaces restreints. La triangulation se
porte au fur et à mesure qu'elle s'opère sur le terrain, sur
une esquisse grossière que l'on nomme *canevas;* les lignes
sont cotées et peuvent ensuite être tracées avec exactitude. Nous n'avons pas cru nécessaire de recommander
de mesurer avec le plus grand soin chacune des bases.

La réduction des angles à l'horizon est souvent nécessaire dans l'arpentage ; il est rare, en effet, que tous les
points d'un territoire soient dans un même plan horizontal, et cependant on n'a point égard, au moins dans le
plus grand nombre des cas, à ces différences de hauteur,
surtout quand la chose à mesurer est d'une grande étendue ; la méthode qui consiste à lever les plans sans égard
aux différences de hauteur, se nomme *cultellation ;* elle
se réduit à ramener les angles observés dans un plan
incliné à ceux qu'on observait dans le plan horizontal.
Nous avons dit au paragraphe de *la chaîne,* comment on
devrait s'y prendre pour ramener à l'horizon la mesure
des terrains inclinés. Nous devons cependant dire qu'il
est des pentes trop rapides, pour que le moyen indiqué
soit suffisant ; il faudra dans ce dernier cas, se munir
d'une règle bien droite et assez forte pour qu'elle ne ploie
pas ; on la fera porter d'un bout sur le terrain, la plaçant
sur champ ; au-dessus d'elle on mettra un niveau, afin

8.

d'obtenir une horizontalité parfaite et de l'extrémité opposée au terrain, on fera couler un plomb qui, en tombant sur le sol, indiquera l'endroit où viendra se replacer la règle pour une nouvelle opération.

Ces moyens, que l'on pourrait appeler mécaniques, ne sont pas toujours praticables, soit par leur longueur, soit à cause de la rapidité des pentes ou rampes, soit enfin par le peu d'exactitude qu'elles offrent dans certains cas. On peut même ajouter qu'on ne les emploie que pour des mesures peu longues et que l'on se contente de chaîne sans se servir d'autres instruments; mais si l'on emploie le graphomètre ou même l'équerre, il est facile de comprendre que le travail indiqué plus haut est impossible; en effet, dans la prise des angles qui doivent être horizontaux, la position du limbe doit l'être aussi. Nous allons donc indiquer quelque chose des méthodes mathématiques. Soit donc le terrain ABC (*Fig.* 79), dont les points A,B,C, sont inégalement élevés entre eux, les points B et C étant élevés au-dessus du plan horizontal passant par A, par lequel on suppose que tous les points du terrain doivent être rapportés. Les points qui représentent sur le plan de l'horizon la position des objets BC, sont les extrémités des lignes à plomb que l'on imaginerait tendues de ces objets, de sorte que le triangle ABC est représenté sur le plan de l'horizon par le triangle A*bc*, et les distances AB, AC par les distances A*b*, A*c*. Il est évident que les distances A*b*, A*c* sont plus courtes que AB, AC, puisqu'elles sont des perpendiculaires menées du point A sur B*b*, C*c*; tandis que les lignes AB, AC sont des obliques. Il est facile de voir aussi que la distance *bc* est plus courte que BC, et que par conséquent, l'aire du triangle A*bc* est moindre que celle du triangle ABC.

Afin de fixer sur le papier la position des points b, c, que l'on nomme les projections des points B et C, il faut trouver : 1° la longueur des distances horizontales Ab, Ac; 2° la grandeur de l'angle bAc. 1° Si l'on mesure les angles d'élévation BAb, CAc et les distances AB, AC nommées *rampes*, on connaîtra dans les triangles rectangles BAb, CAc l'hypothénuse et un angle aigu, on pourra donc calculer les distances horizontales Ab, Ac. Ainsi l'on peut dire que pour réduire la distance, entre un point situé dans le plan de l'horizon et un point élevé au-dessus de ce plan, à la distance entre le premier point et la projection du deuxième, il faut faire cette analogie. Le rayon des tables est au cosinus de l'angle d'élévation, comme la longueur de la rampe est à celle de la distance cherchée. 2° Pour réduire l'angle CAB à l'angle cAb et, en général, pour réduire un angle observé au-dessus du plan horizontal, à celui que l'on observerait dans ce plan, voici la règle qu'il faut suivre : observez au point A outre l'angle BAC, les angles BAK, CAK formés par les rayons visuels AB, AC avec la verticale AK; alors, de la demi-somme des trois angles observés, retranchez successivement chacun des angles formés par la verticale et les rayons visuels AB, AC : à la somme des logarithmes, des sinus des deux restes, ajoutez les compléments arithmétiques des logarithmes, des sinus des deux angles formés par la verticale AK et des rayons visuels AB, AC, la moitié du reste sera le logarithme du sinus de la moitié de l'angle cherché.

La réduction des angles au centre de la station est nécessaire toutes les fois que l'arpenteur s'est trouvé forcé de mesurer un angle d'un point voisin du sommet de cet angle, et non de ce sommet même. C'est ce qui arrive

lorsque les sommets d'angles sont compris dans des constructions ou aboutissent contre elles. Il faut alors placer le
graphomètre sur le point abordable le plus voisin. Dans
ce cas, l'angle observé diffère nécessairement de celui qui
aurait été observé d'un autre endroit, et la longueur des
côtés se trouve altérée, surtout quand ces côtés sont d'une
grande étendue. Les méthodes que nous allons donner
ont pour but de ramener au centre des lieux d'observation, les angles observés des environs de ce centre. Soit
le point O (*Fig.*80), d'où il faut observer les points A et
B ; l'arpenteur peut se trouver dans cinq positions différentes à l'égard du centre ou sommet et des angles à
observer.

1º Lorsque l'observateur est placé dans la direction du
centre, à l'un des objets et au-delà du centre comme
en O (*Fig.* 80), ajoutez à l'angle observé, l'angle sous
lequel est vue de l'un des objets la distance du centre à la
station; 2º lorsque l'observateur est placé dans la direction du centre, à l'un des objets en-deçà du centre
comme O' (*Fig.* 80), de l'angle observé retranchez l'angle sous lequel est vue de l'un des objets la distance du
centre à la station; 3º lorsque l'observateur est placé au-
delà du centre, par rapport aux objets, et que la direction
de la station au centre passe dans l'intérieur de l'angle au
centre comme en O (*Fig.* 81), à l'angle observé ajoutez la
somme des angles sous lesquels on voit des deux objets A
et B, la distance du centre à la station; 4º lorsque l'observateur est placé en-deçà du centre et que la direction de la
station au centre passe dans l'intérieur de l'angle au centre, comme en O' (*Fig.*81), de l'angle observé, retranchez
la somme des angles sous lesquels on voit, des deux objets A et B, la distance du centre de la station; 5º lorsque

l'observateur est placé de manière que la direction de la station au centre ne passe pas dans l'intérieur de l'angle au centre comme en O (*Fig.* 81), à l'angle observé ajoutez l'angle sous lequel est vue la distance de l'objet situé du côté de la station, et retranchez ensuite l'angle sous lequel on voit cette même distance du côté opposé à la station.

L'on trouve quelquefois de la difficulté à obtenir, par le moyen des instruments, la grandeur de l'angle sous lequel est vue, des objets à relever, la distance du centre à la station. Cette différence étant ordinairement très-petite, relativement à celles du centre et de la station aux objets, l'angle sous lequel elle doit être aperçue de ces objets est tellement aigu que les intruments ne peuvent le donner avec précision : il faut alors avoir recours à la trigonométrie pour la calculer.

Supposons le centre en C et la station en O comme dans la figure 82. Dès-lors ACB = AOB + OBC — OAC : il reste à évaluer OAC et OBC. 1º Dans le triangle OAC on connaît OC, on connaît AOC en l'observant et le côté AC, en formant un triangle dont il devient un des côtés ; on aura donc OAC par cette proposition; *sin* OAC : AOC : : CO : AC. 2º Dans le triangle OBC on connaît OC, on connaît CB presque égal à OB qu'on peut obtenir immédiatement avec la chaîne ou en formant un triangle dont il devienne un des côtés, et l'angle BOC = BOA + AOC peut être donné aussi par l'observation : on aura donc OBC par cette proportion : *sin* OBC : *sin* COB : : CO : BC. 3º Pour faciliter la réduction des triangles au centre de la station, on a imaginé des tables qui donnent la valeur des angles sous lesquels on voit des distances données dans des éloignements donnés.

Sous le nom de *canevas*, nous décrirons le rapport, sur

le plan, de la base établie sur le sol par la triangulation et
des triangles qui lui sont attachés. Nous entendons aussi
par ce mot une certaine division méthodique et uniformément distante, formée par des lignes verticales et horizontales, sur laquelle on indique la méridienne et la perpendiculaire du plan. Nous allons suivre les diverses opérations. Ayant tracé sur le papier destiné à recevoir le plan,
une droite *a b* (*Fig.* 83), composée d'autant de
parties égales de l'échelle conventionnelle que la base du
terrain contient d'unités de mesure, on pourrait rapporter les points de la triangulation en faisant à chacune des
extrémités de cette droite *a b*, à l'aide du rapporteur, des
angles égaux à ceux qui forment avec la base, les rayons
visuels joignant les extrémités avec les objets observés;
mais la difficulté de placer exactement par ce moyen les
objets sur le plan, en a fait imaginer un autre qui ne
laisse rien à désirer en exactitude et qui sert à faire trouver ensuite la distance respective de tous les points entre
eux. Après avoir expliqué ce que l'on entend par *méridienne* nous décrirons le moyen d'arriver au résultat dont
nous parlons.

On nomme *méridienne* d'un lieu, l'intersection du
plan de l'horizon de ce lieu avec le plan de son méridien.
Pour déterminer la direction de la méridienne d'un
point de la surface de la terre, il faut, après avoir aplani
le sol de manière à ce qu'il soit parfaitement horizontal,
établir au point donné un style incliné d'une quantité
quelconque sur le terrain, et à l'extrémité duquel on
suspendra un fil à plomb ; du pied de cette perpendiculaire comme centre on décrira sur le plan horizontal
plusieurs cercles concentriques. Cette construction ache-
vée, on observera avant midi, sur laquelle de ces circon-

férences se termine l'ombre du style et l'on marquera par une fiche ce point de la circonférence ; après midi, on attendra l'instant où l'extrémité de l'ombre vient rencontrer la même circonférence, alors prenant le milieu de l'arc compris entre ces deux points, on plantera des jalons dans la direction du point central de l'arc et du pied du fil à plomb, ce qui déterminera sur le terrain un alignement qui sera la méridienne demandée.

Nous dirons, maintenant que l'on sait ce que c'est qu'une méridienne, qu'à l'extrémité A de la base du terrain on en tracera une avec sa perpendiculaire ; puis on mesurera la grandeur de l'angle que forme la base avec cette méridienne, on tracera sur le croquis ou canevas du plan cette méridienne MM' et sa perpendiculaire PP' en indiquant la valeur de l'angle M a b. Par tous les points b, c, d, etc., du canevas ou croquis, soient menées des parallèles indéfinies à la méridienne et à la perpendiculaire. Ces parallèles sont pointées sur la figure ; le point où elles rencontrent la méridienne est indiqué par la lettre x et celui où elles rencontrent la perpendiculaire est indiqué par la lettre y. Cela posé, les angles et les côtés des triangles du canevas étant connus et insérés au registre, il s'agit de calculer la distance des points a, b, c, d, etc., à la méridienne et à la perpendiculaire passant par la base. Afin de mettre plus d'ordre, il faut distinguer ces points en trois classes, 1º extrémités de la base principale ; 2º points relevés des extrémités de la base principale ; 3º points relevés des extrémités d'une base auxiliaire.

La méridienne et la perpendiculaire étant établies sur le croquis ou canevas, on tire sur celui-ci des droites verticales et horizontales également distantes pour former des carrés dont les côtés contiennent un certain nombre de parties de l'échelle à volonté, en indiquant par un trait de plume plus marqué les lignes qui représentent la méridienne et la perpendiculaire; on place ensuite sur les bords du papier, aux extrémités de chacune des parallèles à la méridienne et à la perpendiculaire, la distance à la méridienne et à la perpendiculaire.

Cette opération préparatoire étant faite, pour placer un point quelconque b du terrain sur le papier ou canevas, on prend sur le registre sa distance orientale ou occidentale à la méridienne; alors la parallèle à la méridienne qui se trouve sur sa droite ou sur sa gauche et dont les extrémités portent le nombre égal à cette distance, est la ligne sur laquelle doit être placé le point b du registre ou plutôt du terrain. On prend également sur le registre le nombre qui exprime la distance méridionale à la perpendiculaire, et la parallèle à la perpendiculaire qui se trouve au-dessous ou au-dessus de cette perpendiculaire et dont les extrémités portent le nombre égal à cette distance, est la ligne sur laquelle doit être placé le point b de la triangulation. Ainsi, dans ce cas, l'intersection de la parallèle à la méridienne sur laquelle doit être placé le point et de la parallèle à la perpendiculaire sur laquelle le même point doit être placé, est sa situation précise.

Lorsqu'aucune parallèle à la méridienne ne porte le nombre égal à la distance du point de la triangulation à la méridienne, on s'arrête à celle qui porte le nombre immédiatement inférieur et c'est sur la droite ou sur la gauche de cette parallèle, selon qu'elle est à l'orient ou à l'occident de la méridienne que devra être placé le point. De même, si aucune parallèle à la perpendiculaire ne porte le nombre égal à la distance du point pris sur la triangulation, on s'arrête à celle notée du nombre immédiatement inférieur, et c'est au-dessus ou au-dessous de cette parallèle, selon qu'elle est septentrionale ou méridionale par rapport à la perpendiculaire, que devra être porté le point. La situation du point n'est pas encore précisément fixée, le carré dans lequel il doit trouver place est seulement indiqué. Pour trouver la position définitive du point, on fixera d'abord la pointe d'un compas ordinaire sur le point d'intersection des parallèles à la méridienne et à sa perpendiculaire, auxquelles on s'est arrêté : on ouvrira le compas d'une grandeur égale, d'après l'échelle, à l'excès de la distance du point à la méridienne sur le nombre que porte la parallèle à la méridienne à laquelle on s'est arrêté, et avec l'autre pointe du compas on marquera un point sur la parallèle à la perpendiculaire; on ouvrira ensuite le compas d'une grandeur égale à l'excès de la distance du point à la perpendiculaire sur le nombre que porte la perpendiculaire à laquelle on s'est arrêté, et avec l'autre pointe du compas on marquera un point sur la parallèle à la méridienne. Enfin, de chacun de ces points ainsi marqués et d'un rayon égal à la distance comprise entre l'autre point et l'intersection des deux parallèles, on décrira deux petits arcs de cercle dont l'intersection sera le lieu du point du canevas à rapporter. On suivra la même marche pour tous les autres points. Lorsque l'on a la distance de tous les points du canevas à la méridienne et à la perpendiculaire, rien n'est plus facile que d'avoir la distance de ces points entre eux.

Pour obtenir la distance entre deux objets du canevas au moyen des distances de ces deux objets à la méridienne et à sa perpendiculaire, il s'agit de trouver l'hypothénuse d'un triangle rectangle par la connaissance des deux côtés de l'angle droit et que ces côtés sont, l'un la somme ou la différenc e des distances à la méridienne, suivant que l'hypoth énuse coupe ou ne coupe pas la méridienne, et l'autre la somme ou la différence des distances à la perpendiculaire, suivant que l'hypothénuse coupe ou ne coupe pas la perpendiculaire. On peut donc par ce moyen vérifier si les côtés des triangles du canevas sont tels que les a fournis la résolution de ces triangles, et acquérir ainsi la certitude que l'on a bien opéré.

Après avoir traité peut-être un peu longuement, suivant quelques-uns, mais, sans aucun doute, trop laconiquement pour beaucoup, de la triangulation, du canevas ou croquis qui en est la représentation, et de la réduction au centre des angles et à l'horizon des pentes du terrain, nous allons passer au lever des plans dans le plus grand nombre des cas possibles ; afin de varier les modes et d'en proposer un plus grand nombre, au choix des arpenteurs, nous emprunterons aux auteurs les plus célèbres quelques-uns de leurs travaux.

11. *Plan d'une pièce de terre.* Nous commencerons par des exemples d'une exécution facile et d'une grande simplicité: nous nous élèverons ensuite aux opérations les plus compliquées. Pour obtenir la représentation de la pièce de terre indiquée fig. 84, on cherchera à diviser le terrain en triangles et en trapèzes. A cet effet, on examinera d'abord tous les angles et toutes les sinuosités de la pièce de terre, afin de connaître quelle serait la base la plus avantageuse à prendre ; ayant reconnu que, dans ce cas , c'est la ligne tirée de l'angle A à l'angle B, on marquera cette ligne avec des jalons placés de distance en distance dans l'alignement AB, et de manière qu'en ap-

pliquant l'œil contre celui placé au point A, les autres se trouvent cachés par lui. On abaissera ensuite des perpendiculaires de chacun des angles D, C, E, F, G, sur cette base et on les marquera aussi avec des jalons, mais comme on ne connaîtra aucun des points O, L, K, I, H, où ces perpendiculaires tomberont, il faudra les déterminer. Cette opération faite, on dessinera grossièrement sur le papier (*Fig.* 85), le terrain tel que l'œil le représentera, en ayant soin de tracer en lignes pleines les côtés du terrain et en lignes ponctuées celles que l'on forme avec des jalons. C'est ce dessin qu'on nomme *croquis*.

On mesurera ensuite sur le terrain le distance BH de dix mètres; on cotera cette mesure sur le croquis entre les points *b h*, qui représentent les points HB du terrain. On mesurera également la perpendiculaire EH de quinze mètres qu'on cotera sur le croquis entre les points *e h;* on opérera de même pour chacune des lignes HI, IK, KL, LO, OA, et des perpendiculaires FI, CK, DL, OG. Connaissant ainsi toutes les dimensions des triangles et trapèzes qui composent le terrain, on en tracera facilement le plan sur le papier, en employant le compas ou le rapporteur, au lieu de la chaîne ou graphomètre ainsi qu'il suit :

On tirera au crayon une ligne indéfinie *a b* (*Fig.* 86); on prendra sur l'échelle la première distance *b h* de dix mètres; on élevera au point *h* une perpendiculaire sur laquelle on portera, à partir du point *h*, la distance de quinze mètres, ce qui déterminera le point *e;* on tirera du point *e* au point *b* la ligne à l'encre *eb*, alors on aura le triangle *e h b* semblable au triangle EHB (*Fig.* 84). Un prendra ensuite la distance de six mètres, que l'on portera du point *h* au point *i,* on élevera à ce dernier point une perpendiculaire sur laquelle on marquera la distance de 14,10 qui déterminera le point *f*, par lequel et par le point *b* on mènera la ligne *f b*, qui donnera le triangle *f i b*, semblable au triangle FIB (*Fig.* 84). On portera aussi du point *i*, toujours sur la même ligne *a b*, la distance de quinze mètres qui donnera le point *k*, auquel point on élevera une perpendiculaire de sept mètres qui déterminera le point *c*; on aura alors le trapèze *k c e h* semblable au trapèze KCEH (*Fig.* 84). La même opération se fera du point *k* au point *l*, du point *l* au point *d*, du point *l* au point *o*, du point *g* et du point *o* au point *a*; on aura alors le polygone *a d c e b f g*, semblable à la pièce de terre ADCEBFG (*Fig.* 84).

Il faut connaître maintenant la mesure de la surface du terrain ou sa contenance; pour obtenir ce résultat, on agira d'après les cotes du croquis. Nous avons donné ailleurs les principes et les règles d'après lesquels on doit agir dans ce travail, mais pour plus de lumières, nous énumérerons ici les calculs à faire pour terminer la petite opération que nous décrivons; cet exemple sera court. On multipliera la première longueur BH de dix mètres par la perpendiculaire EH de quinze mètres; on aura cent cinquante mètres dont on prendra moitié, équivalente à la superficie du triangle BHE, soit soixante-quinze mètres. On ajoutera la longueur BH de dix mètres à la longueur HI de six mètres, on aura seize mètres pour la longueur de la base BI, que l'on multipliera par la perpendiculaire IF, de 14,10, ce qui donne 226,60, dont la moitié 112,80 est la superficie du triangle BIF, soit 112, 80. On ajoutera la distance HI, qui est six mètres, à la distance de IK de quinze mètres, ce qui donne ving-un mètres pour la longueur du côté HK du trapèze HKCE;

on ajoutera aussi la perpendiculaire HE de quinze mètres
à celle KC de sept mètres, que l'on multipliera par KH de
vingt-un mètres, et on aura 462 mètres, dont il faut prendre moitié à cause des deux côtés KC et HE du trapèze
que l'on a ajoutés ensemble pour avoir la hauteur réduite
du trapèze précité, ce qui donne pour surface du trapèze
231 mètres; on opérera de même pour le trapèze KLDC,
et on aura 54, 30; de même que pour le trapèze OIFG ,
qui donne 434, 83; de même que ci-dessus pour le triangle DLA, ce qui donne 73, 26; et enfin de même pour le
triangle AOG, qui donne 29, 40. La superficie de la pièce
de terre est le total de toutes ces mesures partielles que
nous allons répéter et additionner. 75, 00
                                                    112, 80
                                                    231, 00
                                                     54, 30
                                                    434, 88
                                                     73, 26
                                                     29, 40
                                              ____
                                                  1,010, 64

12. *Plan d'une petite propriété.* Ce domaine (*Fig.* 87),
d'une médiocre étendue, renferme des pièces de terre et
de pré, des maisons, jardins , rivière, etc. Après avoir
examiné le terrain, il faudra disposer un nombre suffisant
de lignes pour en faire le tour intérieurement ou extérieurement, comme par exemple, les lignes AB, BC,
CD, DE et EA de la figure que l'on va considérer comme
un terrain à lever. On la considérera aussi comme le rapport géométrique de ce même terrain , en supposant
toutes les lignes ponctuées au crayon et devant disparaître,
le rapport terminé, ainsi que toutes les cotes qui ne sont
ici que pour indiquer la manière de les placer sur le cro-

quis fait sur le terrain ; on figurera sur le croquis les noms des pièces de terre, si elles en portent, et ceux des rivières, chemins, maisons, etc., afin de les marquer sur le rapport, si les propriétaires ou les circonstances l'exigent.

Ayant ainsi disposé les cinq lignes précitées avec des jalons bien plantés dans leurs alignements respectifs, on prendra avec le graphomètre l'ouverture de l'angle A, qui est de 105°, que l'on cotera sur la minute ou croquis, comme il est indiqué au point A. On prendra de même l'ouverture de l'angle B qui est de 95° que l'on cotera sur la minute, comme il est indiqué au point B; la même opération se fera pour l'angle C de 92°, pour l'angle D de 108°, et enfin pour l'angle E de 140°. Tous les degrés cotés sur le croquis doivent être écrits entre les côtés de chacun des angles auxquels ils appartiennent. On comptera le nombre des lignes du polygone, et, d'après le principe donné, que tous les angles d'un polygone valent ensemble autant de fois 180° qu'il y a de côtés moins deux, on trouvera que celui dont il s'agit ayant cinq côtés, ses angles intérieurs doivent valoir trois fois 180° ou 540°. Il faudra donc que la somme des angles A, B, C, D, E, soit égale à 540°; si ces deux sommes n'étaient pas semblables, on aurait la preuve que les ouvertures d'angles ont été mal prises sur le terrain, ou que le graphomètre dont on s'est servi n'est pas juste, ce qui obligera de recommencer l'opération.

Ce travail préliminaire étant fait, on lèvera le détail ainsi qu'il suit : on mesurera sur le prolongement de la ligne AB la distance du point A au point *m* de un mètre, que l'on cotera sur le croquis, entre le point A et le point *m*.

On mesurera sur la même ligne la distance du point A au point F, de 1, 30, que l'on cotera sur le croquis entre le point A et le point F; on élevera à ce dernier point une perpendiculaire sur laquelle on mesurera la distance F a de 1, 95 que l'on cotera sur le croquis, en travers, entre le point F et le point a; on fera de même du point F au point b. On mesurera la distance du point A au point G de 2, 80 que l'on cotera sur le croquis comme ici, entre le point F et le point G. On élevera une perpendiculaire à ce dernier point, et on mesurera les distances G b de 1, 60, et GA de 1,60 que l'on cotera de la même manière que ci-devant.

On mesurera la distance du point A au point H de 4 mètres; on élevera une perpendiculaire, en ayant toujours soin de coter ces mesures comme il a été dit plus haut; on mesurera la distance du point A au point I, qui est sur le bord du fossé CO, on aura 5, 50. On mesurera la longueur de ce fossé du point I au point O de 1, 10; on mesurera ensuite la distance AK de 5, 80, et la perpendiculaire KC de 2,20, au moyen de laquelle on aura le bord de la rivière et l'extrémité du fossé CO.

On continuera de marquer les distances du point A aux points L, M, N, ainsi que la longueur de chacune des perpendiculaires élevées aux points L et M. On mesurera aussi la longueur de la haie a c ainsi que l'angle MNa pour connaître la direction de la ligne a c. On mesurera ensuite la distance du point A au point B, celle du point B au point f sur le prolongement de la ligne AB, pour avoir le bord de la rivière, et enfin celle du point B au point e, pour avoir le bord opposé. Cette première base étant ainsi mesurée, on passera à la seconde BC, en opérant d'après les mêmes principes, tant pour mesurer les distances que pour les coter dans le même ordre, ce qui

est essentiel pour ne pas se tromper en faisant le rapport.
On agira de même pour les bases CD, DE et EA.

Si l'on veut avoir les points intérieurs du plan, celui R
par exemple, on mesurera du point connu S, la distance
SR de 7, 30; du point Q aussi connu, on mesurera la
distance QR de 7,70. Dans le rapport sur le papier, pour
avoir le point R, il suffira de prendre sur l'échelle une
ouverture de compas de 7,30, avec laquelle, et du point S
comme centre, on décrira l'arc *m n,* et de même, avec
une ouverture de 7,70 du point Q comme centre, on décrira le point *p c;* le point où ces deux arcs se couperont
sera le point R. La même opération sera faite pour avoir
le point P. Pour déterminer sur le rapport géométrique
les autres points, tels que T et U, on mesurera sur le
terrain la distance ST de 4, 50; on prendra cette distance
sur l'échelle, et on la portera de S en T, ce qui déterminera le point T; par ce point et par le point Y, on tirera
une ligne TY; on mesurera ensuite sur le terrain la
distance TU de 4,10; on prendra cette distance sur l'é-
chelle et on la portera de T en U sur la ligne TY; on
connaîtra par ce moyen le point U. Si une ligne telle
que VR n'était pas droite, on tracerait la ligne droite
d'une extrémité à l'autre, et sur cette ligne droite on éle-
verait des perpendiculaires à toutes les sinuosités, comme
il a été démontré sur la ligne AB.

Ayant terminé l'opération sur le terrain, et l'ayant
bien disposée sur le brouillon, on en fera le rapport sur
telle échelle que l'on voudra. L'échelle étant déterminée,
on opérera sur le papier comme sur le terrain, en se servant au lieu de graphomètre d'un rapporteur; sur une
ligne indéfinie (*Fig.* 87), on marquera à volonté le point
A, sur lequel on placera le rapporteur pour avoir l'ouverture d'angle de 105° formée par les lignes AE et AB; on

prendra sur l'échelle la distance AB de 14,50 ; on placera le rapporteur au point B, pour avoir l'ouverture d'angle formée par les lignes AB et CB ; la même opération se fera aux points C, D, E; les distances cotées sur la minute seront prises sur l'échelle avec le compas, qui fait ici l'office de la chaîne sur le terrain. Les lignes ponctuées sur le rapport qui sert aussi de croquis, devront être au crayon et disparaître, le rapport terminé. Les lignes servant de démarcation aux différentes propriétés ou aux diverses natures de propriétés, seront mises à l'encre. Si l'on voulait avoir la contenance de chaque pièce de terre, on les diviserait en triangles, comme celle du n° 13. On pourrait établir en marge du plan, par ordre de numéros, le nom, la nature et la contenance de chaque partie de ce plan.

On doit orienter le plan sur le terrain avec la boussole du graphomètre, afin de disposer le rapport géométrique comme il est d'usage, le nord dans le haut de la feuille ; pour y parvenir, on placera le graphomètre à boussole au point B (*Fig.* 84), et on dirigera l'alidade immobile, qui est parallèle à la ligne du nord de la boussole, sur le côté BE, en ayant soin que le côté de la boussole marqué du mot *Nord* soit vers le point E. On observera alors de combien de degrés l'aiguille de la boussole est éloignée de la ligne du nord ou du point zéro, c'est-à-dire quel angle elle forme avec le rayon visuel de l'alidade immobile. On trouvera 41°, que l'on aura soin de marquer sur le brouillon ; le plan étant rapporté, il sera facile d'avoir la ligne du nord en prenant avec le rapporteur, sur la ligne BE, une ouverture d'angle de 41°. Il existe une variation dans l'aiguille aimantée ainsi qu'une déclinaison, mais comme la variation change suivant les lieux, on la néglige ; quant à la déclinaison, on peut la considérer comme étant de **22°** ouest, qu'il faut, dans l'opération qui nous occupe, retrancher de **41°** pour avoir le vrai Nord ou la méridienne du lieu.

13. *Plan d'une commune.* La commune dont le plan doit être levé est représentée par la figure 88. Voici l'ordre dans lequel on doit procéder à cette opération : on fait d'abord la reconnaissance du territoire de cette commune en parcourant les lignes qui forment sa circonscription. Dans cet exemple, les extrémités de ces lignes sont les bornes n⁰ˢ **1, 2** et **3**, etc., jusqu'à la borne **11**, et revenant à la première. On dresse ordinairement un procès-verbal des longueurs qui existent entre chaque borne, ainsi que des angles formés par les lignes du périmètre de la commune; ce procès-verbal est signé du maire de la commune et de ceux des communes adjacentes. Ensuite on détermine, dans le milieu du territoire, des lignes dont on fait exactement mesurer les longueurs. et sur lesquelles on fait des observations analogues à celles indiquées. Supposons donc que l'on ait déterminé d'après ces procédés les points A, B, C, D, E, F, G, H, I, Q et les bornes n⁰ˢ **1, 2, 3, 4, 5, 6, 8** et **11**; ces points serviront à faire le fond du plan topographique que l'on se propose d'exécuter. Ayant déterminé la position de ces points (et d'un plus grand nombre d'autres qu'on n'a pas marqués pour ne point trop charger la figure). on connaîtra par le calcul les distances qui existent entre eux et leur situation respective. C'est sur ces lignes, comme on va le voir, qu'on levera tous les détails nécessaires.

Le géomètre chargé de la triangulation d'une commune doit relever autant de points qu'il lui est possible, et il faut qu'il les choisisse de manière que ceux qui doivent figurer les détails puissent établir facilement les opéra-

tions secondaires sur des bases déterminées et de peu de
longueur, et former tous les raccordements nécessaires
sur ces points de première opération.

Lorsque l'on aura fait des opérations trigonométriques,
on levera le plan du périmètre de la commune en agissant
comme il suit : le point I et la borne 11 ayant été observés, on les prolongera jusqu'à la borne 10, et l'on cotera la longueur de ce prolongement; on se transportera
au point C; la borne 5 étant déterminée, on mesurera la
distance dudit point C à la borne 4, et celle qui existe
entre la quatrième et la cinquième; ensuite on mesurera
la longueur de la borne 6 à la borne 7, et de cette dernière au point E; de ce point on mesurera la distance à
la borne 6, qui est un point trigonométrique d'où l'on déterminera des lignes, dont la dernière aboutira au point
G; du point G on déterminera d'autres lignes qui se di-
rigeront au point de la borne n° 10; sur ces lignes on levera les détails de la rive nord du cours d'eau. On voit
que les lignes de la circonscription de la commune ont
été déterminées par des observations trigonométriques et
par des points d'intersection obtenus sur les lignes de
base. On mesurera aussi quelques lignes transversales
comme de la borne 3 à la borne 10, de la borne 4 à la
neuvième, ou au point G si cela est possible.

Il faudra rapporter sur le papier le plan de toutes ces
lignes; ensuite on levera celui de tous les chemins intérieurs de la commune, de la manière suivante : on placera
un graphomètre au point f, déterminé par le calcul, d'où
l'on mesurera les angles entre le point Q et un jalon planté
du côté de N, et entre ce dernier jalon et un autre placé
du côté de B; de ce dernier jalon on prendra une direction au point B, on reviendra au premier jalon qu'on a

fait planter du côté de N, et l'on continuera ainsi jusqu'au point I, duquel on reviendra au point B; on levera sur toutes ces lignes les détails des maisons et des chemins. Du point B on levera la partie du chemin au point *a* (dont on aura marqué la rencontre sur la ligne de la borne 1 à la borne 2, ainsi que l'on a fait pour toutes les rencontres des chemins sur les lignes du périmètre); sur cette ligne, on marquera un point à l'embranchement de la route avec le chemin , d'où l'on partira pour lever la partie de ladite route jusqu'à sa rencontre avec la ligne I, borne 11 (du périmètre), ensuite on reviendra au point B, d'où on levera la partie du chemin au point *b* ; de là, on retournera au point Q, d'où on levera la partie du chemin au point *e*; et du même point Q, on levera sur la ligne Q D les détails du chemin jusqu'à son embranchement au point D, et de ce point apercevant les points *c* et *d* (où l'on aura fait planter des jalons ou signaux), on mesurera ces deux lignes , sur lesquelles on levera les portions des chemins à droite et à gauche, aux points désignés, rapportant les lignes de tous ces chemins avec leurs détails. On aura alors les plans de tous les polygones qui forment l'ensemble de la commune; c'est ce que l'on appelle le plan de masse; il est très-essentiel que ce plan soit d'une grande exactitude, puisqu'il doit servir de base aux opérations du parcellaire, ainsi que nous allons le démontrer.

On procédera à la levée du plan du village , après avoir rapporté le plan de masse, et s'être assuré de son exactitude par les mesures et les directions; on le circonscrit ordinairement entre plusieurs lignes; dans cet exemple, sur la ligne QG on marque un point O, sur la ligne GH un point N, sur la ligne BC un point K, et sur la ligne CQ un point R. Comme l'on a marqué le point L sur la ligne KN, on a la ligne OL, sur laquelle on marque un point J, et sur la partie QO de la ligne QG, on marque un point P. On aura alors renfermé le village entre les lignes KR, RQ, QP, PJ, JL, LK, c'est-à-dire dans un hexagone irrégulier; on levera sur ces lignes les détails extérieurs de tous les jardins; on mesurera des diagonales dans l'intérieur, et les détails des maisons s'obtiendront comme on le verra plus tard; ensuite on procédera à l'opération du parcellaire ainsi que nous allons le dire.

On considère ordinairement une commune comme étant divisée en *sections*. Dans l'exemple que nous donnons, la section C est renfermée entre les points e, Q, f, N, L, borne 10, G, borne 9, borne 8 et e. Nous allons travailler sur la section D. On fera remarquer que les lignes qui circonscrivent la section sont levées géométriquement, ainsi que la partie comprise entre les points g, f, N, g; afin d'avoir des plans de chaque pièce de terre, on marquera sur les lignes BI les points S, T, U, V; et sur la ligne borne n° 1 à borne n° 11 ceux Y, Z, etc. Ensuite on prendra sur la ligne du chemin a B les largeurs de chacune des pièces (pour plus de commodité, on cotera ces mesures ainsi que nous l'avons déjà indiqué, et cela, parce que les mesures cumulées sont faciles à rapporter); sur la ligne BI, on cotera les distances BS, ST, TU, etc., ainsi que les distances borne n° 1 Y, YZ, Z et borne n° 11, prises sur la ligne borne n° 1 à borne n° 11; on mesurera aussi la ligne du n° 11 au point I, sur laquelle on prendra les largeurs de chaque pièce comme on l'a fait pour la ligne aB; ensuite on marquera la rencontre de chaque pièce sur chacune des lignes S borne n° 1, TY, UZ, etc; ayant coté exactement sur un canevas tous ces détails, on les rapportera sur les lignes de base et l'on aura les plans parcellaires des propriétés renfermées dans la première partie du polygone de la section D.

On procédera ensuite aux opérations parcellaires de la partie g N I B g du polygone à l'orient du village et contigu au premier ; les lignes qui le forment étant déterminées par les opérations précédentes serviront à lever le parcellaire. Sur la ligne g N marquez les points de rencontre a n L o. Les points g h étant déterminés, mesurez les trois côtés du triangle h j g. Sur le côté j g, vous formerez le triangle j a' g, en mesurant la ligne j a'. (Le point a' a été marqué sur la ligne g N). Sur j a' marquez le point k ; sur j k, déterminez le triangle j m k, en mesurant les côtés k m, j m. Vérifiez la longueur m n, mesurez aussi m l, n l, vous aurez déterminé le triangle n m l ; les points l et o étant déterminés, mesurez d'abord la longueur t o, ensuite la ligne o l. Sur o l, déterminez le triangle o p l en mesurant o p, p l, et sur le côté o p élevez une perpendiculaire au point q. Sur B I marquez les points i s v ; les points i, l étant déterminés, mesurez la ligne i l sur laquelle vous éleverez une perpendiculaire au point b'. Sur les lignes H B, H A marquez leurs points de rencontre e' et d' sur la ligne p s. Les points u et v étant déterminés, mesurez la ligne u v et la distance I x qui est la rencontre de la ligne I H avec la ligne u v. Il faudra aussi mesurer plusieurs diagonales comme j i, b' s, i p, n p, etc. : ces diagonales serviront à vérifier l'exactitude de l'opération.

On emploiera les mêmes procédés pour lever le parcellaire de tous les polygones circonscrits par les chemins et qui forment l'ensemble de la commune, ou, comme nous l'avons dit, le plan de masse.

Pour orienter ce plan, on a observé à la borne n° 2 l'angle formé par l'aiguille sud-nord de la boussole et la ligne de la borne n° 2 à celle n° 3 ; on a tracé sur le plan cette direction qui forme, avec la ligne observée, un angle de 25 degrés ; on peut, pour compléter cette explication, se reporter à celle que nous avons donnée en résolvant le problème précédent.

14. *Plan d'une ville* (*Fig.*89).Choisissez la rue qui vous paraîtra la plus convenable pour base des opérations que vous aurez à faire. Si la rue A B, par exemple, est celle que vous choisissez, faites mettre des piquets B C et posez un graphomètre au point A ; mesurez la grandeur de l'angle B A C et les côtés de la place A C D E ; mesurez aussi la diagonale A D de cette place, les parties A F, F G, G B et la largeur de la rue dont il s'agit, ou chacune de ses différentes largeurs si elle est inégalement large ; enfin, à mesure que vous connaîtrez toutes ces choses, écrivez-les où elles doivent l'être, sur un canevas préparé à cet effet.

On ira ensuite au point C prendre l'angle D C H ; on mesurera la partie C H et on cotera sur le canevas la valeur de cet angle, ainsi que la longueur de la partie C H. Prenant ensuite l'angle I H R et mesurant la distance H I, on se placera au point I pour prendre la grandeur de l'angle H I M et on mesura la partie I M. Étant au point M, mesurez l'angle I M L ainsi que la distance M L. Au point L prenez l'angle M L N ou K L N et mesurez la distance D N ; au point N, prenez l'angle L N P et mesurez les parties N O, N P. Prenez pareillement la valeur des angles N P Q, P Q R, T Q R et mesurez les distances P Q, Q R et Q T. Au point T, observez les angles Q T U, Q T X. Après avoir mesuré les distances T U, T X, placez-vous au point X; prenez la valeur de l'angle T V Y et mesurez la distance X Y. Enfin levez de cette manière le plan du reste de la ville proposée, et lorsque cela sera fini, vous entrerez dans le détail des jardins, bosquets et de tout ce qu'il y a de remarquable sur les lieux : ensuite vous leverez, pour compléter le plan, la campagne des environs en agissant par les procédés déjà indiqués. Quand l'opération sur le terrain sera terminée, il ne s'agira plus que de rapporter sur le papier tous les objets qu'on a levés sur le terrain. On voit par tout ce qui précède que, pour faire le plan d'une ville, tout se réduit à lier ensemble par différents polygones toutes les masses des maisons qui en sont les principales parties.

Quand il se trouve dans la ville une ou plusieurs places publiques, il est bon de commencer le plan par cette partie, surtout si ce plan a une très-grande étendue, parce que l'on peut y établir ordinairement un très-grand nombre de points fixes et placer l'origine des différents alignements qui, du centre de la place, vont terminer les différents quartiers; mais il faut observer que quand il s'agit du plan d'une grande ville ou de celui d'un bourg un peu considérable, il faut, autant qu'il est possible, commencer par établir, au moyen des triangles, les positions respectives des objets les plus remarquables, en faisant attention que ce sont les distances horizontales inclinées des objets et non leur distance qu'il faut représenter au plan.

Passant du général aux détails, ce qui n'est peut-être pas très-logique, mais cependant nécessaire dans l'objet que nous traitons, nous donnerons un modèle de travail beaucoup plus exact, mais un peu plus long : on ne devra pas le négliger toutes les fois qu'il s'agira d'opérations importantes et demandant une grande exactitude. Supposons qu'il faille lever le plan d'un massif de maisons, d'une place publique et de quelques rues adjacentes, représentés par la figure 90. Après avoir fait l'examen et le canevas des lieux, déterminez la ligne A B, en faisant planter des piquets aux points de station et aux extrémités, mesurant toute la ligne bien exactement. Sur cette ligne élevez des perpendiculaires aux angles R, Q, P, O, T, O', N'; ensuite mesurez de P en Q, et élevez des perpendiculaires aux angles rentrants, ainsi qu'on le voit dans la figure; placez un graphomètre au point C et mesurez l'angle B C F de 35°; sur C F élevez des perpendiculaires aux angles saillants M' *d*, à l'angle rentrant H, aux angles saillants L', K', I', U', C', B', H'. Faites mesurer du point C au point U, et élevez des perpendiculaires aux angles rentrants compris entre ces deux points: on pourra avec quelque utilité se servir de l'équerre d'arpenteur pour élever les perpendiculaires lorsqu'elles seront un peu grandes. On doit aussi mesurer les côtés R Q, T O', O' N', etc., qui seront une vérification de la justesse des perpendiculaires. Au point V mesurez l'angle B V L de 82° ou son supplément A V L de 98°. Faites mesurer le rayon V L sur lequel vous éleverez une perpendiculaire au point I. Formez aussi le triangle X M L; sur X M élevez une perpendiculaire au point N.

Continuez ensuite le mesurage de la base A B; élevez une perpendiculaire au point Y; cotez la rencontre de l'angle G', élevez des perpendiculaires aux angles Z, E', K, D', E, ensuite faites mesurer de K en I et élevez des perpendiculaires aux points intermédiaires. On voit que par ce moyen on avance plus rapidement l'ouvrage, parce que les perpendiculaires, étant plus courtes, peuvent s'élever sur les lignes secondaires K I, PQ, etc., seulement avec un double mètre et la mesure de ces lignes est un moyen de vérification de la première opération.

Revenez au point D d'où vous mesurez l'angle CDE ; sur DE, élevez des perpendiculaires aux angles P',F' et A', et marquez la rencontre du point G sur cette ligne que vous prolongerez au point E dans l'alignement de FC. Au point E mesurez l'angle CED ; les angles C et D valant ensemble 112°, l'angle D devra être de 68°. Cette opération terminée, mesurez exactement les prolongements des lignes de bases que nous n'avons pas tracées, pour ne pas trop charger la figure, et observez leurs extrémités à l'égard des points déterminés à droite ou à gauche de ces prolongements. Par exemple, l'extrémité du prolongement DE aboutit à 20,00 du point K' et son autre extrémité ED aboutit exactement au point *e*.

On devra aussi prolonger les directions des côtés A'B', A'Z, YU, E'P', LI, etc., sur les massifs opposés, en observant l'extrémité de leurs prolongements à l'égard des points déterminants à droite et à gauche de ces prolongements, ainsi qu'on l'a expliqué ci-dessus. Deux exemples seront plus que suffisants pour faire comprendre ce que nous disons. Prolongez, 1° LI en *c* et mesurez *c*G'=5,00; 2° Prolongez YU qui doit aboutir au point *d;* vous pourriez encore prolonger E'P' en *a* et mesurer *a* A', etc. On mesurera aussi plusieurs diagonales, telles que IY, P'*e*, etc., et les largeurs Z*b*, D'E', YO, U'*d*, B'K', PZ, GB', etc.

Nous n'indiquons dans tout ceci que des précautions très-nécessaires pour faire une bonne opération et la vérifier. Quelques personnes pourraient penser qu'il suffit de mesurer avec précision les angles et les longueurs des lignes principales de l'opération, et de rapporter sur ces lignes toutes les perpendiculaires qu'on aurait élevées aux angles saillants et rentrants des massifs, puis de réunir les extrémités de ces perpendiculaires par des lignes droites, et croire alors avoir le plan exact de la figure.

A ces remarques, nous répondrons qu'en effet c'est bien le procédé qu'il faut employer pour le rapport de cette opération, mais que cela ne suffirait pas, parce qu'il faut savoir non-seulement faire un plan, mais encore en vérifier l'exactitude par tous les moyens possibles. Nous dirons donc, 1° que la mesure des côtés est une vérification de la justesse des perpendiculaires, et que souvent on est obligé de faire des états dans lesquels il faut énoncer en chiffres les longueurs des façades des maisons, les largeurs des rues, des places publiques, etc.; que toutes ces mesures doivent être énoncées à un décimètre près, et qu'elles ne pourraient être déduites aussi rigoureusement sur l'échelle du plan, surtout si cette échelle n'est pas dans un grand rapport; 2° que les prolongements des lignes d'opération et des massifs sur les côtés opposés servent à vérifier leurs directions les uns à l'égard des autres et des points qui les entourent, ainsi qu'on l'a fait remarquer ci-dessus.

Il faudra ainsi vérifier tous les autres prolongements des massifs et des lignes d'opération qu'on aura observés pendant le cours du travail, et si ces prolongements aboutissent tous à leurs points de direction les uns à l'égard des autres en conservant leurs distances proportionnelles, cette coïncidence est une preuve de l'exactitude de l'opération. Ayant coté exactement sur un canevas la grandeur des angles observés la longueur de leurs côtés et leurs prolongements, ainsi que tous les détails pris sur ces lignes, il sera facile de faire le plan de la figure 90.

Tracez sur une feuille de papier une ligne AB indéfinie; marquez un point A sur cette ligne, duquel point vous porterez la longueur proportionnelle AC ; à ce point et sur la figure AB, formez, avec un rapporteur, un angle BCF de 35°; déterminez le point E, comme nous l'avons fait pour le point D. Au point E mesurez l'angle DEC avec un rapporteur. Si les angles DCE et CDE sont rapportés et que la longueur de leurs côtés soit proportionnelle, l'angle E sera de 68°. Il faudra aussi vérifier sur l'échelle du plan la longueur de la ligne EC qui devra contenir autant de parties de l'échelle que cette ligne contient de mètres. Si cette coïncidence a lieu, vous aurez fermé le plan sons le rapport des directions et des mesures.

Supposant qu'au point V vous aurez rapporté l'angle BVL; sur VL formez le triangle XML et sur le côté XM élevez la perpendiculaire au point N. Vous rapporterez ensuite sur ces lignes tous les détails mentionnés dans l'explication qui précède. Vous tracerez aussi au crayon sur le plan toutes les directions que vous aurez observées, avec leurs prolongements, et vous vérifierez avec l'échelle et le compas toutes ces dimensions en les comparant avec les mesures prises sur les lieux.

Le plan d'une maison diffère peu pour son lever de celui d'une ville ou bourg. On emploie seulement une échelle plus grande et l'on y dessine les détails les plus petits de la distribution. L'emplacement des fenêtres, portes, cheminées, etc., doit y être indiqué ainsi que celui des lits et alcôves. Ce que nous venons de dire suffira certainement à l'arpenteur intelligent.

15. *Division des bois en général.* Les forêts sont ordinairement divisées en plusieurs portions que l'on nomme *coupes* et dont l'ensemble ou révolution se nomme *triage.*

Le triage n'est autre chose que l'aménagement appliqué sur le terrain ; chaque coupe peut être, dans l'espèce la plus ordinaire, considérée comme la récolte d'une année. Ainsi le bois que l'on coupe au bout de dix ans de pousse est divisé en dix parties : celui qui croît pendant vingt, en vingt parties ; celui de vingt-cinq en vingt-cinq, et ainsi de suite. Nous ne dirons rien de l'*Aménagement*, renvoyant ceux qui en désireraient connaître les règles *au Livre du Forestier, de la Bibliothèque des arts et métiers*. Nous donnerons seulement les meilleurs modes pour le tracer sur le terrain.

Les diverses coupes sont séparées par des chemins d'exploitation ou par des sentiers spéciaux, nommés *tranches* ou *tranchées*, au moins dans la langue forestière. Lorsque l'on veut mettre un bois en coupes, on doit d'abord en lever le plan, en mesurer la surface, l'orienter et prendre pour base le plus long et le plus avantageux des côtés ; alors on établira les lignes de séparation et on plantera les bornes à chaque angle sortant ou rentrant et le long des grandes lignes droites. On trace ordinairement sur le sommet de la borne une ligne un peu creuse qui indique l'alignement de la tranchée. On grave sur les bornes le numéro indicatif de la coupe. Nous allons donner quelques modèles de division en variant les conditions dans lesquelles on doit agir.

Soit donnée la figure 91, que l'on devra diviser en quatorze coupes, laissant en dehors de celles-ci un quart de réserve. Le bois qu'il s'agit de partager peut être renfermé dans un rectangle ABDC. Si l'on a trouvé, par exemple, 2400,00, pour le côté AB et 2200,00, pour le côté AC, la superficie de ce rectangle sera de 528 hectares, de laquelle il faut soustraire 56 hectares, 420 mètres, pour les trapèzes et triangles ultérieurs; le reste 471 hectares, 580 mètres, sera la superficie cherchée de la forêt qu'il faut partager en coupes. Otant alors le quart NBDM, pour la réserve, on divisera les côtés A*i*, C*l*, ou les côtés les plus avantageux pour l'exploitation en quatorze parties égales, ce qui donnera les coupes requises, non d'égale contenance, mais égales ensemble à 353 hectares, 680 mètres, déduction faite des triangles et trapèzes ultérieurs qu'il faut avoir soin de remesurer pour avoir la superficie de chaque coupe. Remarquez qu'en remesurant A*i*, C*l* en 14 divisions égales, la partie adjacente à la ligne AC n'aurait presque point de superficie dans l'intérieur du bois; mais on parera à cet inconvénient en menant sur le plan seulement une ligne *r s* qui laisse en dehors une quantité de bois à-peu-près égale aux espaces vides que forment en dedans de cette ligne les sinuosités du bois. Cette ligne peut se tirer à vue, car il importe peu que les coupes soient égales à un quart d'arpent près sur 25 ou 30 arpents, puisqu'elles doivent être réarpentées, ainsi qu'on le verra ci-après. Dans l'exemple que nous avons choisi, nous portons 100 mètres ou 10 chaînes de A en *r* et de C en *s*, ce qui réduit les lignes *r i*, *s l* à 169,5; nous prenons la quatorzième partie de cette quantité et nous avons 12,11 pour la largeur de chaque coupe. Si le bois à partager tient à d'autres bois, on en levera le plan, on en mesurera la superficie, puis prenant une ligne convenable, on divisera en autant de parties égales que le triage doit avoir de coupes, et à chaque point de division on élevera sur la base une perpendiculaire qu'on prolongera jusqu'au bois limitrophe : ainsi, dans la dernière figure, si le côté A B tient à un autre bois, après avoir divisé la ligne *s l* en 14 parties égales, on élevera à chaque point de division 1, 2, 3, etc., les perpendiculaires 1*t*, 2*u*, 3*v*, etc., à la ligne C D.

La méthode que nous venons de tracer est très-expéditive et épargne souvent des dégâts, du temps et de la dépense, surtout lorsqu'on peut faire toutes les opérations en dehors, ou seulement lorsqu'on peut établir une base connue CD ; mais elle a l'inconvénient de donner souvent des coupes trop inégales en superficie; d'ailleurs elle ne se pratique pas toujours si facilement que dans l'exemple précédent, car il arrive que l'on ne peut s'écarter des limites de la figure. D'un autre côté, par cette méthode, les coupes peuvent être très-longues et très-étroites, ce qui est contraire à ce qui se pratique ordinairement; en effet, elles doivent être de figure régulière et approchant du carré autant que faire se peut ; c'est pourquoi, quand un bois est aussi long que large, on a coutume de le séparer en deux parties par une *tranche sommière*, afin que la longueur des coupes soit aussi moins longue.

Nous allons donner un nouvel exemple dans lequel la division sera de 25 coupes. Le périmètre du bois étant indiqué par les lettres A, B, C, D, E, F, G, H, I, K, L, M, N, cette figure s'éloigne beaucoup du quadrilatère et doit être partagée par des moyens différents de ceux employés pour la division de la forêt, (*Fig.* 91). Après avoir mesuré la forêt (*Fig.* 92), en employant les modes enseignés dans le cours de cet ouvrage, on lui trouvera pour contenance 577 hectares, 10 ares, déduction faite du quart de réserve ; divisant cette quantité par 25, on aura pour chaque coupe 23 hectares 9 ares, en négligeant toutefois les fractions. On sépare le bois dans le sens de sa longueur par une tranche sommière, et ce chemin servira de base à chacune des coupes. Pour établir la sommière, calcnlez une portion, telle que NABCDE, au moyen des côtés AN, AB, BC, CD, DE, et des angles A, B, C, D. Si l'on trouve cette superficie, par exemple, de 290 hectares 25 ares, on la divisera par celle que chaque coupe doit avoir, ce qui donnera 12, avec un reste de 13 hectares 24 ares, qu'il faut ôter de la portion mesurée, pour la rendre capable de contenir 12 coupes. Comme l'on veut que la sommière aboutisse au point E, la base No du triangle à soustraire sera proportionnelle à la base AN du triangle AEN; ainsi on aura : la surface du triangle AEN est au côté AN comme 13 hectares 24 ares sont à No, ou bien, 10675 : 58,3 : : 1324 : No, d'où l'on tire dans cette hypothèse No = 7, 3. Si la tranche sommière devait partir d'un autre point que de E, il est bien évident que l'opération n'aurait pas plus de difficulté, seulement elle pourrait être un peu plus longue.

On tracera la sommière sur le terrain en se servant du moyen indiqué ci-après pour mener une route dans une forêt : puis, avant de procéder à la division des coupes, on vérifiera si l'on ne s'est point trompé dans l'exécution, en examinant si la distance No est bien exacte et si les angles que fait cette sommière avec les côtés AN, DE sont égaux à ceux qu'on peut trouver par le calcul. Si par cette vérification le triangle NoE est plus grand ou plus petit qu'il ne doit être, on ajoutera ou l'on diminuera la différence de la superficie totale oABCDE, et l'on divisera le nouveau résultat par les douze coupes qu'il doit contenir, afin de les rendre égales entre elles, autant qu'il est possible.

Lorsque la quantité que chaque coupe doit avoir de chaque côté de la sommière est déterminée, on les trace ordinairement sur le papier. Pour cela, prenez avec le

compas une distance *ks*, à-peu-près vers le milieu de la
vente ou coupe par laquelle on veut commencer; portez
cette ouverture de compas sur une échelle de proportion
pour en connaître la grandeur, et divisez la surface que
chaque coupe doit avoir par cette même grandeur; le
quotient vous donnera la largeur *oe* sur la sommière. Au
point *e* élevez la perpendiculaire *ed*, et des points A et *c*,
abaissez les parallèles A*a*,*cb*; puis calculez, au moyen du
compas et de l'échelle, les superficies *oAa,aAbc,bcde*.
Si leur somme est égale à celle de chaque coupe, la ligne
ed fera la première division; si elle diffère, on divisera
la différence par la longueur *ed*, le quotient donnera la
distance qu'il faudra ajouter ou diminuer sur la partie *oe*
de la sommière pour déterminer le point *e*: par ce moyen,
on aura, à très-peu de chose près, la quantité requise,
si d'une part le plan est rapporté avec une échelle assez
grande pour pouvoir y prendre les mètres, et si de l'autre
on opère avec un bon compas. Toutes les autres coupes
seront ainsi tracées jusqu'à la dernière, qui se trouvera
égale aux autres, si l'on apporte de l'exactitude dans son
travail.

Quand toutes les coupes d'un triage seront tracées sur
le papier, on opérera sur le terrain comme il suit : On
ira à l'extrémité *o* de la sommière pour mesurer en allant vers E la largeur de toutes les coupes de la partie
qui est au-dessus, et à chaque point de division on mettra
un piquet. Du point E retournant vers *o*, on marquera
de la même manière la largeur de toutes les coupes du
canton qui est au-dessus de la sommière, mais avec des
piquets plus petits ou plus grands, afin de les distinguer
des autres. Si cette seconde mesure se rapporte avec la
première, on conclura que l'on a bien opéré. A chaque divi-

sion, on élevera des perpendiculaires à la sommière, lesquelles seront les tranches de séparation. Ces chemins délimitatifs seront tracés par les moyens indiqués ci-après.

Dans le cas où toutes les coupes n'aboutiraient point sur la sommière, on chercherait l'angle qu'elles font avec les côtés qui s'en détournent. On mesurerait sur ces côtés les largeurs obliques des coupes, et à chaque division on poserait un graphomètre pour diriger les tranches suivant l'ouverture de l'angle donné.

Il est un mode de réarpentage pour les bois que l'on nomme *récolement*. On l'exécute lorsque le bois est abattu et la coupe nettoyée, afin d'avoir la mesure exacte du terrain exploité. Cette opération, qui s'exécute sur un terrain mis à nu, n'a rien de particulier.

Avant de finir ce qui concerne les bois, nous voulons donner sur l'établissement des séries de coupes quelques notions nécessaires à ceux qui sont chargés de tracer un aménagement. Nous remarquerons que les forêts de grande étendue n'ont pas et ne peuvent avoir un sol partout égal ; ici il est marécageux, là sec et aride, plus loin composé abondamment d'éléments fertiles : or, on doit tenir compte, dans la division à faire, de ces diverses circonstances. En effet, 10 hectares en mauvaise terre et 10 hectares en excellent terrain ne donnent pas un produit d'égale valeur : si l'on veut obtenir annuellement des revenus égaux, il faudra donc diviser la forêt non en portions égales, mais en coupes calculées d'après les produits présumés, et égalisées entre elles d'après ces derniers. Nous ne donnerons point d'exemple de ce travail parce qu'il n'a rien de difficile, il suffira d'établir autant de séries de coupes qu'il y aura de qualités de sols et d'essences, quand toutefois la contenance de ces catégories sera d'une assez grande importance.

16. *Lever le plan d'une surface donnée, telle qu'une mare, un marais, un étang, ou toute autre sur laquelle il soit impossible de pénétrer et de jalonner.* Soit ABCD (*Fig.* 93) cette surface : on tracera d'abord une ligne *vu*, sur laquelle on cherchera les perpendiculaires des points les plus saillants A et C; sur l'une de ces perpendiculaires on cherchera celle du point saillant D, qui achevera le rectangle VUZI dont on calculera la surface. Ensuite on formera sur l'espace compris entre les côtés du rectangle et le contenu de la pièce à arpenter les triangles RTU, UTX, XTC, CYZ, EFD, MLA, VON, NOB, PBQ, et les trapèzes QSRP, LMHK, KHGI, et GHEF. On ajoutera les surfaces de toutes ces figures et il est évident que leur somme retranchée de la surface du rectangle VUZI donnera la surface demandée.

Cette manière de procéder montre suffisamment que le moyen général d'arpenter les lieux où on ne peut jalonner des lignes est de les circonscrire par un quadrilatère rectangle et de diviser, selon la configuration du périmètre, le terrain compris entre ce dernier et les côtés de celui-là en trapèzes, rectangles et triangles ; ensuite de calculer ces figures, et la somme de toutes leurs surfaces, ôtée de celle du rectangle, donnera pour reste la superficie cherchée.

Il peut arriver qu'il soit nécessaire de mesurer la superficie d'une figure ABCD etc. (*Fig.* 94), dans laquelle on ne peut ni entrer, ni diriger des rayons visuels à tous les angles, ni enfin s'écarter de ces limites. Voici comment on doit agir : après avoir mesuré les côtés et les angles de cette figure, on l'imaginera partagée en triangles par des lignes droites, tirées d'un angle à un autre; ensuite on cherchera la surface de chacun de ces triangles, dont la somme sera la superficie demandée. Par exemple, dans le triangle CDE, on connaît les deux côtés CD,DE avec l'angle compris entre ces côtés, on pourra donc connaître le côté CE et par conséquent la surface de ce triangle : alors, dans le triangle CEF, on connaîtra les côtés CE,EF et l'angle compris entre ces côtés, car cet angle est égal à la différence de l'angle DEF observé à celui CED qu'on connaît au moyen de l'opération précédente : donc on trouvera la surface de ce nouveau triangle, ainsi des autres.

5. PLANCHETTE. Cet instrument, que nous avons suffisamment décrit dans le *Chapitre des instruments*, est très-commode pour lever les détails d'un plan; nous ne reviendrons pas sur ses avantages et ses inconvénients, et nous nous contenterons de dire que la planchette doit être accompagnée d'une *alidade* ordinaire sur les terrains peu accidentés, et, dans les contrées montagneuses, d'une *alidade à lunettes* (voir ces mots): commençant par un plan d'une petite étendue, nous négligerons le déclinatoire dont nous parlerons plus tard. (Voir *déclinatoire*; chapitre des instruments.)

1. *Plan d'une petite étendue et sans détails*. Muni de la planchette sur laquelle on aura assujetti un papier, de l'alidade, d'une chaîne, des jalons nécessaires, d'un crayon et d'un compas, on se transportera sur le terrain, accompagné des porte-chaînes : rendu sur les lieux, on examinera la pièce ou la propriété et on se placera en A (*Fig.* 95). La planchette étant fixée dans cet endroit, on mettra un jalon aux points B et F; on établira sur la planchette un point *a* qui représentera son homologue A du terrain et qui devra lui être perpendiculaire; dirigeant ensuite

l'alidade du point *a* sur le jalon B, on mènera au crayon la ligne *ab* ; sans déranger la planchette, on dirigera un autre rayon sur F et on menera *af* au crayon : enfin faisant mesurer AF, AB, on donnera à *af*, *ab* autant de parties de l'échelle que l'on aura trouvé de mesures à leurs homologues. On aura par ce moyen sur la planchette les points *a*, *f*, *b*, en harmonie avec ceux du terrain ; car les triangles AFB, *afb* sont semblables comme ayant un angle compris entre côtés proportionnels.

Laissant ensuite un jalon en A, on portera la planchette au point B, ayant soin que le *b* tracé sur le papier soit perpendiculaire au B du terrain ; au point *b* de la planchette on piquera une aiguille contre laquelle on placera l'alidade, que l'on appliquera le long de la ligne au crayon *ab* prolongée à dessein. Quelques géomètres omettent l'aiguille, mais nous la croyons utile et presque nécessaire : aussi dans la première partie de l'opération aura-t-on dû en placer une en A. On orientera la planchette en la tournant jusqu'à ce que l'on aperçoive le jalon A, par les pinnules de l'alidade placée le long de la ligne *ab* ; alors sans déranger l'instrument et faisant pivoter l'alidade autour du point *b*, on visera le jalon C et on mènera la ligne indéfinie *bc*. On devra ensuite ôter la planchette, remettre un jalon en B et mesurer la distance BC, et l'on portera cette distance proportionnelle de *b* en *c*. On agira de même de C en D et de D en E ; l'opération sera alors terminée, puisqu'il suffira de réunir *ef* par une ligne droite pour avoir la figure *a*, *b*, *c*, *d*, *e*, *f*, semblable au terrain A, B, C, D, E, F, car l'un et l'autre auront des angles égaux chacun à chacun et des côtés proportionnels ; en terminant ainsi, rien n'assure que l'on ne se soit point trompé soit dans la mesure des côtés ou dans l'ouverture des angles

10.

Il faudra donc obtenir la preuve que ces opérations ont été bien faites, ce que l'on fera en agissant comme il suit: on se transportera en E pour y faire pareille observation qu'aux autres points; car si l'on a bien opéré, le-rayon visuel que l'on dirigera sur le jalon F passera sur son homologue f, et la ligne ef se trouvera proportionnelle à E F qu'on mesurera pour s'en assurer. Terminer ainsi l'opération s'appelle *se fermer*.

On peut encore, au lieu de faire le tour de la figure, mener des lignes droites à tous les angles en partant du point A. Puis mesurant toutes ces lignes et leur traçant des homologues sur le papier de la planchette, il suffira, pour avoir la figure, de réunir toutes les extrémités de ces lignes par des droites, et on aura exactement le plan cherché. Il est encore quelques autres méthodes, mais plus facilement inexactes, et que pour cette raison nous ne décrirons point ici.

2. *Plan d'une grande étendue levé à la planchette.* Connaissant comment on détermine avec la planchette les dimensions d'un terrain de peu d'étendue, il ne s'agit plus que de faire remarquer les précautions qu'il faut prendre pour le lever d'un plan d'une plus grande surface, avec ses détails. On commence alors par assurer les principaux points de ce canton par une bonne triangulation. Le rapport en étant fait à la méridienne, on peut d'abord les placer sur un papier préparé à cet effet; puis on décide par quelle portion on commencera les opérations : le point de départ est assez arbitraire; cependant il vaut mieux partir d'un point connu et au centre duquel on puisse se placer.

Le terrain représenté figure 96 étant donné, soit AB, la base trigonométrique, N S la ligne du nord , C, D, deux points trigométrisés placés sur la planchette, ainsi que la base A B : pour ne pas être gêné dans le cours des opérations, on tracera sur le bord de la planchette une ligne *n' s'* parallèle à N S : on se posera ensuite au point A, et, l'alidade appuyée sur la base, on tournera la planchette jusqu'à ce que l'on aperçoive le jalon B ; puis on fera mouvoir l'alidade autour du point A jusqu'à ce que l'on rencontre successivement, dans le rayon des pinnules, les objets C et D. Si ces rayons se trouvent sur leurs homologues tracés sur la planchette, c'est une preuve que ces points sont bien en direction relativement à l'objet A : s'il en était autrement, il faudrait revoir les observations ou les calculs. Tout étant d'accord, on met le déclinatoire sur *n' s'* et l'on tient note de la déclinaison que fait l'aiguille aimantée avec la ligne du nord. La supposant de 25° à l'ouest, on fait mettre aussi un jalon en *a* et, sans déranger la planchette, on dirige dessus un rayon que l'on trace au crayon ; on pose un autre jalon au point A et on mesure A *a* que l'on prolonge jusqu'en *b* ; on continue à mesurer *a c*, la perpendiculaire *e c*, *c d*, la perpendiculaire *d f* et *b d* : supposons qu'au point *b* est un obstacle qui empêche de continuer la ligne, on y pose la planchette et l'alidade mise sur AB, on tourne l'instrument jusqu'à ce que l'on trouve le jalon A, et pour s'assurer si l'on est bien sur ce jalon qui peut être fort éloigné, on pose le déclinatoire sur *n' s'* et il doit donner 25° de déclinaison.

Les choses étant bien disposées, on dirige un rayon sur *g* et on mesure *b g* ; ayant eu soin de construire au crayon à mesure que l'on avançait, on a déjà le chemin *a e f g* ; on s'oriente au point *g* et on se dirige sur *h* d'où l'on peut apercevoir l'objet C du terrain placé sur la planchette ; on s'oriente à 25° et de plus l'on examine si l'on aperçoit le jalon g par les pinnules de l'alidade placée sur $g\,h$: cela étant, on la fait tourner autour du point h, jusqu'à ce que l'on aperçoive par les pinnules le point C du terrain : ce rayon visuel doit aussi passer par son homologue sur le papier; s'il en est ainsi, on aura lieu de croire à la bonté des opérations.

Cependant, malgré cette apparence de similitude, le travail peut être mauvais : par exemple, si l'on avait commis une erreur de mesure sur le rayon $b\,g$ et qu'on n'eût porté que $b\,x'$, on serait arrivé en z' sur la planchette, alors $x'z'$ devenant parallèle à $g\,h$, il est évident que le rayon envoyé de z sur l'objet C du terrain passera encore sur son homologue sur le papier : on sent bien que si les rayons $b\,x'$, C z' n'étaient pas sensiblement parallèles, il existerait une petite différence, mais souvent pas assez forte pour reconnaître cette erreur de mesure. Quant aux erreurs en angles, elles ne peuvent avoir lieu que lorsqu'on dérange la planchette sans le savoir; il est visible que l'on n'en peut commettre avec un bon déclinatoire, à moins pourtant que quelques matières ferrugineuses n'en dérangent la direction naturelle. Nous avons cru nécessaire de donner ces courtes explications, et nous allons reprendre le cours de notre opération.

S'accordant au point h, on prend la direction $i\,h$, et au point i on se vérifie sur C et D; si l'on est bien en rayon sur ces deux points, on est alors assuré de la bonne exécution des opérations et l'on continue le travail comme l'indique la figure jusqu'en m : là, orientant toujours la planchette, on dirige un rayon sur B, rayon qui doit passer sur son homologue et de plus la distance m B du papier doit être proportionnelle à celle du terrain : pour s'en assurer, on la fait mesurer : si la différence, soit en angle, soit en mesure, est au-dessous d'un décamètre sur environ une demi-lieue que l'on suppose avoir parcouru sur les principaux rayons, on pourra avec raison l'attribuer à l'opération manuelle et conclure à la bonté du travail jusqu'à ce point; seulement il faudra avoir soin de ne point prendre le rayon $m\,l$ qui est tant soit peu défectueux pour base des autres opérations: il faudra, au contraire, les asseoir sur une autre, bien certainement exacte, sur $i\,k$ par exemple : celle-ci est d'une exactitude certaine, puisqu'une vérification a été faite à l'une de ses extrémités. Dans le cas où l'erreur dépasserait 10,00, il faudra en rechercher la cause d'abord avec un bon déclinatoire, cette erreur ne peut être qu'en mesures : supposant que ce rayon, au lieu de passer sur B, se trouve en c', et que la différence soit trop forte pour être tolérée, voici comment on devrait agir pour donner au point m sa véritable position : on mesure $m\,$B, et par le point B on mène à $m\,c'$ une parallèle que l'on fait égale à $m\,$B, et l'on a le point m' que l'on voulait placer. Pour s'en assurer encore, si l'on peut apercevoir les objets C et D, on fait usage de moyens donnés ailleurs dans cet ouvrage, et l'on obtient l'intersection au même point m'; une fois sur ce point on est certain que c'est dans la direction ou dans le parallélisme $m\,m'$ que l'erreur a été commise ; cette différence reconnue, on mènera des parallèles aux rayons sur lesquels elle influe, et la dernière passera par le point m'.

On vient de supposer l'erreur telle que le rayon $m\,c'$ ne passait pas au point B, et que la distance $m\,$B était quelconque : il arrive encore assez fréquemment que l'on parvient en m'', de manière que le rayon passe sur le point B, mais que la distance B$\,m''$ du papier n'est pas

proportionnelle à celle du terrain ; ne supposant toujours
aucune erreur en angles, on porte la distance du terrain
B en *m'*, et l'on est assuré que l'erreur est dans le rayon
qui a à-peu-près cette direction ou qui se trouve dans le
parallélisme ; on la cherche, et une fois reconnue, on
rectifie les rayons envoyés depuis, en menant des parallèles comme ci-dessus.

Ce point bien assuré, on y orientera la planchette pour
déterminer le chemin *i m'* ; on se dirigera sur *o* et l'on
arrêtera en *l'* pour circonscrire la figure X, comme nous
l'avons indiqué précédemment. Quant à celle indiquée Z,
on fera mettre un piquet au point *n*, et de l'endroit *o* étant
orienté, on dirigera *n o* ; on mesurera sur ce rayon, et en
passant, on arrêtera au point *p* ; on dirigera *p* C, dont la
distance sera mesurée pour voir si elle s'accorde, comme
cela doit être ; sur ce rayon on déterminera l'église, le
cimetière et la maison qui s'y trouve ; puis revenant au
point *p* on continuera de mesurer jusqu'en *n* et l'on construira en passant la maison qui est à gauche. Étant en *n*
et orienté sur *o* on déterminera Z à l'ordinaire ; on re-
v endra au jalon *o* pour continuer de la même manière
jusqu'au point *i*, en faisant attention de construire en
passant les figures *y* et *y'* avec leurs petits détails.

Si l'on trouvait une forte élévation *g'* sur laquelle il y
eût une figure à décrire, il faudrait mettre un jalon en *g'*
et des points *r* et *s*, y envoyer deux rayons dont l'intersection sur la planchette déterminerait le point homologue,
si l'instrument restait horizontal, ce qui est possible avec
de hautes pinnules ou mieux encore avec une lunette
plongeante ; puis on se transportera en *g'* pour l'orienter
soit sur *r*, soit sur S, et déterminer la figure à l'ordinaire.
Si l'on n'était pas muni d'une telle alidade et qu'on ne

pût voir *g'* sans incliner la planchette, il faudrait, après avoir dirigé un rayon quelconque *r g'*, faire jalonner dans cet alignement, et mesurer dessus en tenant sa chaîne le plus horizontalement possible, et n'employer que le demi-décamètre si cela est nécessaire, ou même la règle de trois mètres jusqu'à un point quelconque *g'*; s'orienter en cet endroit et déterminer la figure comme dans les opérations précédentes.

Tous les côtés de la ligne *g'* peuvent ne point se trouver dans un même plan; si *a' b'* était horizontal et que des extrémités de cette base on pût envoyer des rayons à tous les angles, on déterminerait cette figure par intersection, comme il a été dit; mais si tous les côtés étaient inclinés à l'horizon, il faudrait voir près de là si l'on ne trouverait pas une base de niveau qui servirait à construire la figure de la même manière : si cette base ne peut se rencontrer, on réduira *a' b'* à sa distance horizontale. Enfin, si la figure était tellement disposée que, tous les côtés étant inclinés, il fût impossible, de l'un de ses angles, d'apercevoir les autres, il faudrait en faire le tour comme dans le premier cas que nous avons cité au commencement du paragraphe, ayant soin, en mesurant, de porter la chaîne horizontalement ou de réduire les rampes à leurs distances de niveau.

Quand on s'est assuré de la bonté de toutes les opérations, on trace à l'encre les chemins, rivières, ruisseaux, et le périmètre de chaque figure; les autres rayons sont effacés avec la gomme élastique, à l'exception des lignes principales qu'il est bon de laisser figurer sur la minute. Ces lignes, dont on a soin d'indiquer la longueur, font voir la marche de l'opération; elles servent d'ailleurs, en cas de différence entre le plan et le terrain, à reconnaître de suite si cette erreur ne proviendrait pas, ainsi que cela arrive assez souvent, d'une fausse mesure prise sur l'échelle du plan.

3. *Changement de papier sur la planchette.* Lorsque les planchettes sont à cylindres, on peut employer du papier plus grand, au moins dans un sens, et éviter, dans quelques cas, le changement que nous allons décrire. Cette opération qui n'est pas difficile est préférée par le plus grand nombre des arpenteurs, et nous croyons qu'en cela ils ont grande raison. Voici comment on exécute cette opération, et quels sont les moyens qu'on peut employer pour placer dessus les points trigonométrisés. Lorsque le papier qui est assujetti sur la planchette est rempli, on est obligé de lui en subtituer un autre, afin de pouvoir continuer l'opération. Si, par exemple, on continue vers le nord, on piquera sur la nouvelle planchette les points h, t, i, k, auxquels on doit revenir pour se former. On partira à volonté de i ou de k, en donnant cependant la préférence au rayon qui dépend de moins de stations, comme étant indubitablement le plus certain : si l'on choisit le point k on s'y orientera, c'est-à-dire qu'on mettra l'alidade sur $i\,k$ qu'on a eu soin de conserver au crayon, et l'on tournera la planchette jusqu'à ce que l'on aperçoive le jalon posé au point i (ce qui indique assez qu'il faut avoir soin de faire une remarque à toutes les stations pour les retrouver au besoin), et après avoir fait mettre un jalon en k, on trouve un alignement dans cette direction, et l'on continuera à l'ordinaire.

On devra remarquer qu'on n'aurait pas été obligé de se réorienter de nouveau au point k, si la première fois que l'on y a fait une station, on avait déterminé l'alignement $k\,k'$, et mis des piquets à ces deux points pour les reconnaître; c'est une précaution que doivent avoir tous les géomètres qui ne veulent pas perdre de temps; de sorte qu'avant de quitter une station, il faut bien examiner si tous les rayons sont envoyés et tracés sur la planchette, pour éviter d'y revenir une seconde fois. Lorsque le plan de cette planchette est terminé, on le colle avec le premier en appliquant les points piqués sur ceux qu'on a piqués; puis on pose un troisième papier sur la planchette et ainsi de suite. Il y a encore quelques petites méthodes particulières qu'on chercherait en vain à expliquer, et que la pratique seule peut apprendre : d'ailleurs elles ne diffèrent pas de celles que l'on suit en se servant du graphomètre, et quels que soient les procédés employés, ils seront également bons, s'ils émanent d'un calcul géométrique et si les intersections sont nettes.

6. Boussole. On peut employer la boussole pour lever les petits détails d'un plan, tels que les sinuosités d'un chemin, les contours d'un ruisseau, etc. ; mais on ne doit s'en servir qu'avec beaucoup de réserve et de précautio et n'y avoir recours que dans les cas où l'emploi de la planchette devient difficile à cause du rapprochement objets. On s'en sert cependant très-utilement pour tra une ou plusieurs routes dans une forêt. Nous allons donner trois modes d'application de la boussole.

1. *Prendre les détails d'un terrain dont les points principaux ont été relevés au graphomètre ou à la planchette.* (*Fig.* 97). K est un point dont on peut établir la position sur le plan au moyen de la boussole. On placera horizontalement celle-ci au point K, et la faisant tourner de manière à diriger successivement des rayons visuels vers deux objets quelconques A et B, dont la position à été déterminée, on observera les angles AKM, BKM que

font ces rayons visuels avec la direction KM de l'aiguille aimantée. Pour rapporter ensuite le point K sur le plan, on tracera d'abord par les points a et b, représentant les points A et B du terrain, des parallèles à la méridienne, s'il n'en passe pas par ces points, en ayant soin de ne les marquer qu'au crayon et légèrement : ensuite on tirera les droites ao, bp faisant avec les parallèles à la méridienne des angles égaux à la déclinaison magnétique; puis par les points a et b, on tirera des droites indéfinies ak, bk, faisant avec les lignes ao, bp, les angles oak, pbk, suppléments de AKM, BKM, et l'intersection de ces droites sera la position du point K. Pour assurer l'opération, on dirige ordinairement du point K des rayons visuels sur trois objets, à l'égard desquels on opère comme il vient d'être dit pour deux, et l'intersection des trois droites indéfinies déterminent le lieu du point K. Si ces trois droites ne se coupent pas au même point, c'est une preuve que l'opération a été mal faite. Nous allons donner la démonstration de l'opération. Le triangle abk est semblable à ABK, car $bkm =$ BKM et $akm =$ AKM, donc $bkm - akm$ $=$ BKM—AKM, ou $bka =$ BKA; de même $pbk =$ PBK et $pba =$ PBA, donc $pbk - pba =$ PBK—PBA, ou $abk =$ ABK.

2. *Sur un plan dont le canevas est fait et dont diverses parties de détail sont déjà rapportées, figurer le contour d'une rivière.* (*Fig.* 98.) On plantera sur un des bords de la rivière, aux points A, B, C, D, etc., des jalons assez rapprochés entre eux pour que les distances AB, BC, CD, etc., soient des lignes droites. Le point A ayant été préalablement relevé au graphomètre ou à la planchette et rapporté sur le plan, on observera avec la boussole les angles MAB, NBC, OCD, etc., que forment les alignements AB, BC, CD, etc., avec la direction de l'aiguille aimantée

et l'on mesurera les distances AB, BC, CD, etc. Pour rapporter les points B, C, D, etc. sur le plan, on tracera légèrement au crayon, afin de pouvoir l'effacer ensuite, une droite *am*, passant par le point *a* fixé sur le plan, et formant avec la méridienne ou l'une de ses parallèles un angle égal à la déclinaison de l'aiguille aimantée; alors on fera au point *a* un angle *mab* = MAB, et l'on donnera à *ab* autant de parties de l'échelle que AB contient d'unités de mesure. Au point *b*, on fera la même opération pour avoir le point *c*, d'où l'on partira ensuite pour avoir le point *d* et ainsi de suite.

Lorsque l'un des bords de la rivière est ainsi tracé sur le plan, on peut figurer l'autre en cette manière : aux points A, B, C, etc., on observera les angles MAZ, MBZ, MAY, NBY, NBX, OCX, etc., formés par la direction de l'aiguille aimantée, avec les rayons visuels, dirigés sur les points Z, Y, X; et par les points *a*, *b*, *c*, etc. du plan, on mènera des droites indéfinies *az*, *bz*, *ay*, *by*, *bx*, *cx*, etc., faisant avec les lignes *am*, *bn*, *co*, etc., représentant aux points *a*, *b*, *c*, etc., la direction de l'aiguille aimantée, des angles égaux aux angles MAZ, MBZ, MAY, NBY, etc. : ces droites indéfinies se rencontreront deux à deux en un point qui appartiendra au contour du bord *zyxu* de la rivière. La raison de cette méthode n'a nul besoin de démonstration.

3. *Percer dans un bois une ou plusieurs routes.* Soit, par exemple, la route AB que l'on veut percer dans la forêt Z (*Fig.* 99.) Supposons que l'on peut voir d'un même lieu les deux endroits A et B. Après avoir établi des signaux aux endroits A, C, D, E, F, B, posez une boussole à l'endroit C et prenez-y la grandeur des angles *n*CD, *n*CA, et pour éviter l'ambiguïté, écrivez le supplé-

ment de ce dernier angle dans l'ouverture sCA. Opérez de la même manière aux points D, E, F, et toutes les opérations sur le terrain seront terminées. Les angles nCA + nCD sont égaux à l'angle ACD, et les côtés AC, CD sont connus, puisqu'on peut les mesurer; ainsi, on aura toutes les parties du triangle ACD. Si de 180° on retranche les angles CDs, nDE, on aura l'angle CDE, et par conséquent celui ACD = CDE—ADC; et puisque les distances AD et DE sont connues, on calculera toutes les parties du triangle ADE. Continuant de la même manière, on connaîtra les angles BAF, ABF et ensuite le côté AB, qui est la route que l'on se propose d'ouvrir.

Quand toutes ces choses vous seront ainsi connues, si de l'angle sBF vous retranchez l'angle ABF, le reste exprimera la grandeur de l'angle sBA ou nBd, que la route proposée devra former sur le terrain avec la ligne du nord, c'est-à-dire avec l'aiguille aimantée nBs. On trouvera de même la valeur de l'angle nAB que cette route doit former sur le terrain avec la ligne du nord nAs, et on remarquera si les angles sBA et nAB se trouvent égaux, comme cela doit être; puis, pour faire la route AB, posez une boussole à celui que vous voudrez des deux points A et B, par exemple en A, et disposez-y cet instrument, de manière que l'arc compris entre la tête de l'aiguille aimantée et le point marqué *nord* au fond de la boîte, soit d'autant de degrés que vous en aurez trouvé pour la grandeur de ce même angle nAB. Enfin, faites planter des jalons dans la direction du rayon visuel que vous dirigerez à travers les pinnules de cette boussole ainsi disposée, et vous aurez la route proposée.

On se sert aussi de la boussole avec avantage pour élever des perpendiculaires dans les bois, pour dresser les petites traverses qui doivent aboutir sur les sinuosités, et pour mener des routes parallèles à d'autres routes. Si par un point C (*Fig.* 100) donné dans un bois on veut abaisser une perpendiculaire sur une ligne AB, on commencera par prendre la déclinaison que je suppose de 126; et comme dans cette hypothèse, la tête de l'aiguille aimantée déclinera de 36° à l'égard de la perpendiculaire AD, on ira au point C faire un angle $nCd = sCE$ de 36°; le rayon visuel qu'on dirigera vers la ligne AB, au travers des pinnules de cette boussole ainsi disposée, déterminera la perpendiculaire CE.

Dans le cas où l'on voudrait mener du point C une route parallèle à celle AB, on prendrait en A, par exemple, la déclinaison de cette route AB: on irait au point C faire un angle nCD égal à celui trouvé au point A par la déclinaison de la ligne AB, et on ferait percer la route CD. C'est aussi par ce moyen qu'on trace une ligne de séparation entre deux bois contigus, et lorsque cette ligne s'éloigne trop du point donné, on opère avec l'équerre et le graphomètre.

Pour ouvrir des routes ou tracer des lignes droites ou brisées dans les forêts, on emploie aussi le graphomètre et la planchette; nous n'avons point traité ces cas comme particuliers dans l'énonciation de leurs divers usages, parce que des moyens généraux et indiqués peuvent très-bien leur être appliqués.

7. DES PLANS VISUELS. Il est un genre de plan que l'on appelle plan visuel et qui se rapproche du plan géométrique en ce qu'il représente, mais imparfaitement, les objets qui y sont situés: en effet, on n'y lève aucun angle, on ne mesure aucune longueur ni largeur et on n'y fait aucun calcul; néanmoins ces sortes de plans tiennent à

des principes. Il faut d'abord, comme au plan géométrique, parcourir la localité avec un homme intelligent
qui connaît parfaitement le canton. On devra ensuite figurer les maisons, cours, jardins, dépendances, rues,
chemins, angles saillants et rentrants, etc. Il faut que
l'indicateur s'applique surtout aux figures triangulaires
et à celles faisant plusieurs retours qu'on appelle *haches*.
L'arpenteur se transporte avec l'indicateur sur les terrains
triangulaires et sur ceux faisant hache, afin d'observer à-
peu-près à quelle hauteur peuvent être les susdites haches
ou triangles, et il continuera de la même manière, ainsi
que l'indicateur, jusqu'à ce que le plan du terrain soit
levé. On ne parvient à bien dessiner le terrain que par
un grand usage et en s'appliquant à donner à la longueur
des lignes et à l'ouverture des angles une proportion toujours égale.

Nous terminerons ici l'énonciation des divers moyens
de lever un plan sur le terrain, et nous renverrons pour
son rapport sur le papier à ce que nous avons dit dans
plusieurs endroits de ce chapitre. Ceux qui ne se trouveraient pas complètement éclairés à cet égard, pourront
consulter avec utilité le Chapitre où nous traiterons de la
copie des plans En effet, dans le cas où l'on pourrait
trouver notre explication insuffisante, on considérerait
le canevas ou le croquis fait au fur et à mesure du lever,
comme un plan que l'on devrait copier; nous dirons
aussi, dans ce chapitre, ce que l'on doit faire pour établir,
sur le plan, l'échelle qui sert à rapporter les mesures réduites du terrain, de sorte que les divisions de l'échelle
soient proportionnelles. Quant à l'emploi des divers instruments dont on se sert pour confectionner un plan, on

recourra au *Chapitre des instruments* et à celui déjà indiqué. Il est quelquefois nécessaire de coller deux feuilles de papier , afin d'obtenir une plus grande surface ; il faut alors en redresser les bords avec un canif en ne le faisant pénétrer qu'aux deux tiers de l'épaisseur , on arrache ensuite et on opère sur la seconde feuille dans le sens opposé. Les deux bords ainsi diminués et *plucheux* , pour ainsi dire, par l'arrachage de la superficie, se collent l'un sur l'autre avec de la colle à bouche. Le collage est ainsi très-solide, l'épaisseur de la feuille double est égale à celle de la feuille simple, et l'on peut travailler sans que le joint soit perceptible. Nous allons maintenant passer à la description des divers moyens d'opérer le nivellement.

8. DU NIVELLEMENT. Sous ce titre, nous ne traiterons point complètement du nivellement, mais seulement des opérations les plus simples , seules nécessaires aux arpenteurs-géomètres. Niveler un terrain, c'est chercher de combien un point de ce terrain est plus haut ou plus bas qu'un autre, ou le rapport qu'il y a entre plusieurs points relativement à une ligne de niveau. Cette ligne de niveau peut être considérée comme une parallèle à l'horizon, c'est ce que nous donne l'eau en repos dans un vase. On se sert ordinairement pour niveler d'un instrument déjà décrit et que l'on appelle *Niveau d'eau*. Il sera facile de s'en faire une idée en relisant sa description dans le Chapitre des instruments, et la rapprochant de sa figure qui se trouve (*Fig.* 102) où elle est indiquée par les lettres ABCD. On a aussi besoin d'une *Mire*, même figure *ab*. Le côté blanc de la planchette de la mire paraît mieux quand il couvre quelque point de la terre , et le côté noir se détache davantage sur le fond bleu du ciel.

1. Si l'on avait à trouver la différence de niveau entre le point I et le point M (*Fig.* 102), ou si l'on veut, la pente qu'il y a du point M au point I, on examinerait d'abord si ces deux points ne sont pas trop éloignés l'un de l'autre, pour que d'un point N à-peu-près au milieu, on puisse les voir facilement. Il n'est pas nécessaire que le niveau soit dans la ligne IM, puisqu'il tourne sur le point O, et qu'après l'avoir dirigé sur le point M, on peut le diriger sur le point I, sans que la ligne de niveau change de plan. Ayant placé le niveau au point N, on fera dresser la grande règle ou mire en I, et on appliquera sur elle ou contre elle la petite, de manière qu'elle soit bien verticale; si, comme nous l'avons conseillé, cette petite règle entre dans l'autre à rainure, le travail en sera rendu plus facile et plus exact. La mire placée perpendiculairement par rapport à l'horizon, celui qui opère portera l'œil au point G, à environ trois pas en arrière et sur le côté du niveau, de façon que le point G se confonde avec le point F. Il fera hausser ou baisser la mire, jusqu'à ce que le côté *e h* se trouve dans le prolongement de la ligne GF; à cet effet, on convient de signaux avec le porte-mire, comme, par exemple, de hausser ou de baisser le chapeau, et de présenter le dedans de la forme dans laquelle sera un papier blanc, lorsque l'on veut avoir le côté blanc de la mire.

Aussitôt que la mire sera rendue au point fixe, on en préviendra le porte-mire par un mouvement horizontal avec la main ou le chapeau. Cet homme vous apportera alors la hauteur indiquée sur la règle, depuis l'extrémité de la mire au point H jusqu'au point I. Je suppose cette longueur de 1,70. Le porte-mire se transportera ensuite au point M, pour y faire la même manœuvre qu'au point I.

et celui qui opère placera l'œil en arrière du point F pour
déterminer le point L, élevé au-dessus du point M, de 1, 20.
Cette opération finie, on retranchera la plus petite cote
de la plus grande; c'est-à-dire 1,20 de 1,70; la différence 50 sera la pente du point M au point I. Si l'on voulait avoir la pente par partie, on mesurerait la distance
du point H au point L qui est, par exemple de 50,00,
ce qui donnera une pente d'un centimètre par mètre.

2. Si l'on avait plusieurs points à niveler, tous visibles
du point O (*Fig.* 103), on placerait le niveau à ce point,
et employant les manœuvres indiquées au point I de la
figure précédente, on déterminerait la hauteur FA, qui
est de 2,60: on déterminerait aussi la hauteur DB de
2,00, et enfin celle GC de 2,30. En comparant entre elles ces
hauteurs, on trouverait que le point D est plus élevé que
le point F de 60 centimètres, que le point G n'est élevé
au-dessus de ce même point F que de 30 centimètres, qui
est la pente du point G au point F, et que le point D est
au-dessus du point G de 30 centimètres. Si donc on avait
à faire couler une source du point G vers le point F, il
faudrait creuser le terrain au point D de 30 centimètres,
différence de hauteur du point D au point G, plus de
15 centimètres de la pente totale, en supposant toutefois
que le point D est à égale distance du point F et du
point G, c'est-à-dire que AB = BC : car si la distance du
point D au point G n'était, par exemple, que le tiers de
celle AC, on n'aurait à creuser au point D que 30 centimètres plus 10 centimètres, tiers de la pente totale. On
voit que pour établir cette pente, il faudrait déblayer
tout le triangle FDG, dans la largeur que l'on désirerait
avoir.

3. Si le terrain était fort inégal, quoique dans un petit

espace, on serait obligé de donner un coup de niveau à chaque convexité et concavité du terrain, comme on le voit à la figure 104 aux points A, B, C, D, E. Dans cette opération de plusieurs points à niveler, on doit figurer le terrain, sur le papier, à peu près comme il est, et l'on tire au-dessus une ligne ponctuée qui représente la ligne de niveau, de laquelle on abaisse des perpendiculaires à chaque point à niveler, ce qui indique le lieu du coup de niveau. La cote se place en travers, à gauche de la perpendiculaire, comme on le voit dans la figure et dans celles qui précèdent. La distance entre chaque coup de niveau se cote sur la ligne de niveau entre les deux perpendiculaires, comme nous l'indiquons sur la figure entre le point N et le point O, entre le point O et le point P, etc.

Dans la figure 104, le point E étant plus élevé que le point A, pour avoir une pente égale entre ces deux points, on sera obligé, vu l'inégalité du terrain, de faire le rapport de l'opération. On se servira pour cela d'une échelle semblable à celle faite pour la levée des plans et l'on opérera ainsi qu'on va le démontrer. On tirera d'abord une ligne au crayon qui représentera la ligne de niveau telle que celle NS; ensuite on abaissera une perpendiculaire du point N, sur laquelle on portera la hauteur de 60 centimètres, qui donne le point A. On portera aussi sur la ligne de niveau la distance de 61 mètres pour avoir le point O, duquel point on abaissera une perpendiculaire de 50 centimètres, qui donnera le point B. On prendra sur la ligne de niveau la distance de 70 mètres, ce qui marquera le point P, duquel on abaissera une perpendiculaire de 80 centimètres. Pour avoir le point C, on prendra toujours sur la ligne de niveau la distance PQ

de 50 mètres; on abaissera de ce dernier point une perpendiculaire de 20 centimètres, ce qui donnera le point D.
On mesurera enfin la distance QS de 79 mètres, duquel
dernier point on abaissera une perpendiculaire de 40 centimètres qui donnera le point E. Tous ces points étant
trouvés, pour avoir la figure du terrain, il ne s'agira plus
que de tirer les lignes pleines AB, BC, CD et DE.

La ligne brisée A, B, C, D, E indique le terrain naturel;
la ligne droite A, V, F, E, la ligne de pente uniforme de
E en A. On voit par l'inspection de la figure que, pour
exécuter cette pente, il faudrait déblayer le triangle FDE
en profondeur et dans la largeur que l'on voudrait donner à la pente, et de même pour celui ABV; au contraire,
il faudrait remblayer le triangle VCF dans toute sa hauteur et sa largeur. La ligne A, L, H, Z, I, G représente le
terrain mis de niveau dans toute sa longueur; le point A
étant à 60 centimètres de la ligne de niveau, tous les
autres points du terrain devront être mis à la même distance, c'est-à-dire qu'il faudra creuser au point E de
20 centimètres, au point D de 40 centimètres, et, au contraire, élever le point C de 20 centimètres, et enfin creuser au point B de 10 centimètres.

4. Si la pente du terrain à niveler était trop considérable ou trop éloignée d'une extrémité à l'autre, on serait
obligé de changer de niveau à plusieurs reprises. Nous
allons donner la manière d'opérer à chaque changement
qu'on appelle *station*. Soit par exemple le terrain CDGN,
(*Fig.* 105) à niveler. On posera d'abord le niveau dans la
pente CD, de manière que l'on puisse donner au point C
un coup de niveau de 1,10; un autre point D de 3,20 et
un autre au point G de 1,30; comme on l'a déjà dit,
toutes les cotes devront être placées à gauche de la per-

pendiculaire. La ligne de niveau AF, venant à se confondre dans le terrain au point I, elle ne peut servir à
trouver le point N qui est au-dessus ; on sera donc obligé
de transporter le niveau dans la pente NG, ce qui change
de place la ligne de niveau ; mais comme toutes ces lignes
sont toujours parallèles, il ne s'agit que de prendre la
différence qu'il y a entre elles, ce qui se fait en donnant
un second coup de niveau au point G qui est de 3,00.
Retranchant la première cote 1,30 de 3,00, on aura la
différence 1,70, qui est celle des deux lignes de niveau.
Le dernier coup de niveau sur le point G s'appelle *coup
arrière ;* il se cote toujours à droite de la perpendiculaire,
et ce, afin de ne pas le confondre avec les coups en avant ;
on donnera aussi un coup de niveau au point N de 1,10,
ce qui termine l'opération. Mais si ce nivellement était
plus long et qu'il fallut encore changer le niveau, on
donnerait toujours un coup arrière sur le dernier point
de la ligne précédente.

Enfin, ce nivellement étant terminé, on ajoutera toutes
les cotes à gauche ensemble, et toutes celles à droite aussi
ensemble : on retranchera le plus petit nombre du plus
grand ; la différence donnera la pente du premier au dernier point. Lorsqu'on dit qu'il faut ajouter ensemble les
cotes à gauche et aussi ensemble celles à droite, on n'entend que celles qui sont à chaque point de changement
de niveau. Le rapport de cette opération se fait comme
celui de la précédente figure ; seulement la ligne de niveau doit changer comme sur le terrain, et si l'on voulait
se servir de la même ligne pour le rapport, il faudrait, à
chaque cote, ajouter par exemple 6,00, dont on retran-
cherait à chaque changement la différence de niveau.

Dans les opérations que nous venons d'indiquer, nous

n'avons point eu égard à la différence qui existe entre le niveau apparent et le niveau vrai. Nous avons supposé les espaces à niveler assez petits pour que cette différence, presque insensible, puisse être négligée ; c'est ce que l'on pourra faire toutes les fois que l'espace à niveler n'excédera pas 600 mètres. Mais s'il était d'une plus grande étendue, on tomberait dans des erreurs considérables, en ne tenant pas compte de cette différence ; nous devons expliquer ici le principe de cette différence et définir ce que l'on entend par niveau vrai et niveau apparent. *Le niveau vrai* peut-être représenté par une circonférence, puisque tous les points de niveau sont également éloignés du centre de la terre. *Le niveau apparent* est, comme nous l'avons dit, une perpendiculaire à notre zénith ou une tangente à la circonférence de la terre. Il suit donc de ces définitions que le niveau apparent s'écarte du niveau vrai comme une tangente s'éloigne de la circonférence.

Voici quelques-uns des points d'élévation du niveau apparent au-dessus du niveau vrai :

600 mètres de distance	2 centimètres	8 millimètres
700	3	8
800	5	0
900	6	3
1000	7	8
1100	9	4
1200	1 décimètre 1	3
1300	1 3	2
1400	1 5	3
1500	1 7	6
2000	3 1	3
3000	7 0	6
4000 1 mètre 2	5	5

On voit d'après ces indications que lorsque l'on veut qu'un cours d'eau ait deux décimètres de pente par kilomètre, il faut baisser au-dessous du niveau apparent de 0,784. Nous n'en dirons pas davantage sur le nivellement. Les opérations plus compliquées exigent de hautes connaissances mathématiques et demanderaient un trop grand développement. Nous renverrons pour des travaux de cette importance aux ouvrages spéciaux.

CHAPITRE VI.

Rapport sur le terrain

D'UN PLAN TRACÉ SUR LE PAPIER.

Il arrive quelquefois que, loin d'avoir à tracer sur le papier la configuration exacte d'une pièce de terre ou d'une étendue quelconque de la surface du sol, il faut, au contraire, rapporter sur le terrain des figures tracées sur le papier. Nous citerons pour exemple le tracé d'un jardin ou d'un parc et la division d'un assolement. On a dû préalablement lever le plan configuratif du terrain en en prenant avec soin les contours et les ondulations; indiquant les parties déjà boisées, les haies, les cours d'eau avec leur pente et les points de vue lorsqu'il s'agit d'un parc ou jardin paysager. Ce travail de lever que nous ne décrirons pas, parce que le chapitre précédent lui a été tout entier consacré, ce travail terminé, il ne reste plus que le plan à mettre au net et la configuration nouvelle à tracer dans le cabinet, en se basant sur l'effet ou la division que l'on désire obtenir sur le terrain. Cette opération est facile à exécuter et sera exacte si le lever a été régulièrement fait.

Le plan complètement terminé doit être reproduit sur le terrain, c'est-à-dire que chacune des lignes tracées sur le papier viendra se placer sur le sol en tenant compte de l'échelle employée pour la confection du plan. C'est dire assez que chacune des lignes du terrain sera proportionnelle à sa correspondante du plan. Nous allons maintenant citer plusieurs modes différents pour opérer ce rapport du plan au terrain.

1. Il s'agit de tracer sur le terrain le polygogne ABCDF. (*Fig.* 106.) Cette figure étant un pentagone régulier, les angles formés par ses côtés vaudront pris ensemble, ainsi que tout pentagone quelconque, 540°, et chacun d'eux sera de 108°; le plan indique que la longueur de chacun des côtés est de 42,00, et la ligne DE de 64,00.

Sur le terrain qui doit recevoir les lignes tracées sur le plan, on déterminera la ligne droite AB, en lui donnant 42 mètres de longueur qui seront mesurés exactement avec la chaîne et en faisant planter un piquet à chacune de ses extrémités; ensuite ayant placé un graphomètre au point A et d'après la méthode indiquée plus haut, on déterminera l'angle BAF égal à 108° et le côté AF par la mesure qui lui est assignée; on transportera l'instrument au point B pour déterminer de même l'angle ABC et le côté BC; au point C on déterminera l'angle BCD et le côté CD, puis l'on vérifiera les angles D et F et la mesure du côté DF. Si le point D est bien placé, la perpendiculaire ED élevée sur le milieu de AB passera par le point D.

Il est encore un autre moyen de tracer la même figure,

mais ce moyen presque tout mécanique est nécessairement moins exact que celui qu'offre le calcul. Après avoir déterminé la ligne AB, on la divise en deux parties égales, et sur son milieu on élève une perpendiculaire ED, à laquelle on donnera 64,00 de longueur. On plantera un piquet à chacune de ses extrémités et la ligne sera bien indiquée par les jalons et mesurée avec soin et exactitude. On mesurera ensuite deux lignes droites de D en C et de E en C, la première de 42,00 et la seconde de 52,00 : ces deux lignes se mènent au moyen de cordeaux de la grandeur indiquée et l'on obtient le point C en les étendant dans la direction où l'on veut placer ce point : l'endroit où ils se réunissent et où l'on place un piquet est le point C. On agit de même pour le point F. On sent parfaitement que les cordeaux peuvent s'allonger inégalement par la tension et que l'on ne peut dans ce cas compter sur rien d'exact; nous conseillerons donc de s'en tenir au premier mode indiqué.

Toute figure, quelque compliquée qu'elle soit, peut être rapportée sur le sol par le premier mode décrit ci-dessus, en se servant du graphomètre et de la boussole. Cependant celles qui sont très-sinueuses ont besoin de quelques opérations particulières que nous avons indiquées lors du lever des plans et qui consistent à élever des perpendiculaires et à multiplier les angles et les triangles. On ajoute à la sûreté de l'opération, lorsqu'elle est compliquée, en ajoutant à la mesure des angles et des côtés celle des diagonales.

2. Soit la figure *abcd* (*Fig.* 107) à tracer sur le terrain. Fixez-là sur une planchette ainsi qu'elle est représentée; ensuite ayant donné à une ligne droite AD autant de mesures que *ad* contient de parties de l'échelle du plan

placez l'instrument au point A que vous ferez correspondre perpendiculairement sur le point *a ;* posez l'alidade le long de *ad* et tournez la planchette de manière
que les pinnules de la règle soient dirigées sur AD; puis
sans déranger le plan de l'instrument, posez l'alidade sur
la ligne *ab ;* faites placer un jalon dans cette direction et
donnez à ce rayon autant de mètres que *ab* contient de
parties de l'échelle du plan, vous déterminerez ainsi le
point B; à ce point, faites accorder la ligne *ba* avec celle
du terrain BA, posez l'alidade sur la ligne *bc ;* faites placer un jalon dans cette direction dont vous déterminerez
la longueur proportionnelle avec la chaîne, comme on l'a
fait pour les autres côtés; étant au point C, faites accorder
la ligne *cb* avec sa correspondante CB; les points C et D
étant déterminés, ayant posé l'alidade sur *cd*, vous devrez
apercevoir au travers des pinnules le point D où vous aurez fait planter un jalon, et la ligne CD devra contenir
autant de mètres que sa correspondante *cd* contient de
parties de l'échelle du plan, ce qu'il faudra vérifier, ainsi
que les diagonales BD, AC qui seront en proportion avec
celle du plan qu'elles représentent.

3. Soit la ligne *abcdef* (*Fig.* 108) qu'il s'agisse de tracer,
étant sur le terrain. Faites planter un piquet qui représentera le point *g* du milieu du plan, point que vous dé-
signerez sur le papier. Après l'avoir fait accorder avec
celui du terrain, tracez sur la surface de la planchette, de
ce point central, des rayons aux angles *a, b, c, d, e, f*,
auxquels vous donnerez sur le terrain autant de mètres
qu'ils contiennent de parties de l'échelle du plan; vous
déterminerez les points A, B, C, D, E, F, et les côtés AB,
BC, CD, etc., qu'il faudra cependant mesurer, quoiqu'il
soit bien certain que ces côtés doivent être en proportion

avec leurs correspondants *ab, bc, cd*, etc., il sera bien de
vérifier, si cela est possible, la longueur de quelques diagonales comme AD, CF, etc. Si l'on eût tracé cette figure
avec un graphomètre, du point *g* du milieu, on aurait
déterminé les angles E*g*F, F*g*A, etc., et les longueurs des
rayons *g*E, *g*F, *g*A, etc.

4. Si l'on se propose de tracer sur le terrain une figure
semblable au plan *abcd* (*Fig.* 109) décrit sur le papier,
placez ce plan sur la surface de la planchette, et ayant
choisi un endroit commode où il n'y ait aucun empêche-
ment, comme en F, arrêtez le centre de l'alidade sur le
point *e* qui correspondra perpendiculairement sur le
point E, et que les pinnules soient dirigées à droite ou à
gauche, selon que vous jugerez à propos de placer votre
plan. Ensuite tournez l'alidade vers l'un des angles du
plan proposé *abcd* comme vers l'angle *a ;* faites placer un
jalon dans cette direction et donnez pour longueur à ce
rayon autant de mètres que *ea* contient de parties de
l'échelle du plan ; vous déterminerez ainsi le point A où
vous ferez planter un piquet. Dirigez ensuite l'alidade
vers l'angle *b* et faites pour l'angle B comme il a été fait
pour l'angle A, pour avoir de la même manière sur le
terrain la représentation de l'angle *b* en B où vous ferez
planter un piquet. Faites de même pour les angles *c, d* et
vous aurez sur le terrain leurs représentations aux points
C, D, et la figure proposée *abcd* se trouvera tracée sur le
terrain et représentée par le plan A, B, C, D. S'il s'agis-
sait de tracer ce plan autour d'un massif quelconque, il
faudrait connaître la grandeur des angles et les longueurs
des côtés du plan proposé ; former sur le terrain les mêmes
angles et prendre les côtés d'autant de mesures qu'ils auront été trouvés sur le papier.

Nous résumerons ce chapitre en disant que la planchette est de tous les instruments celui qui nous paraît le plus convenable pour les travaux indiqués. Nous pensons qu'au moyen des instructions que nous avons données, il sera facile de rapporter un plan du papier sur le terrain. Nous répéterons que les contours sinueux se trouvent facilement, par l'élévation sur une base, de perpendiculaires plus ou moins nombreuses et par l'emploi d'un grand nombre d'angles qui rendent pour ainsi dire droites toutes les sinuosités.

CHAPITRE VII.

Copie des Plans,

DE LEUR RÉDUCTION ET DE LEUR AUGMENTATION.

1. *Des moyens de copier exactement un plan.* On est fréquemment obligé de copier un plan soit pour en multiplier les exemplaires, soit pour en remplacer un vieux usé ou sali, soit enfin pour mettre au net un travail chargé de notes et de traits mal effacés. On emploie pour cette opération divers moyens qui sont les uns mécaniques, les autres mathématiques. Nous décrirons d'abord les premiers.

Le plus simple d'entre eux consiste à placer le plan à copier au-dessus d'une feuille blanche, de réunir l'un et l'autre par des épingles très-fines, de piquer avec une aiguille, nommée *piquoir*, tous les points remarquables du plan. On doit surtout s'attacher à traverser tous les angles sortants ou rentrants, les points saillants tels que clochers, arbres isolés, etc., les bords des chemins et des rivières, les limites des différentes propriétés et des diverses natures de culture, etc. L'aiguille qui sert à piquer porte à son sommet une petite boule de cire à cacheter qui permet de la manier sans se blesser. Elle doit être tenue bien perpendiculairement et traverser, sans obliquité, non-seulement les deux feuilles que nous avons indiquées plus haut, mais un plus grand nombre, si l'on veut avoir 3, 4, 5 ou 6 exemplaires de la copie.

Lorsque tous les points ont été piqués, on retire la feuille blanche, et en observant le plan avec grande attention, on réunit ces divers points par des lignes au crayon qui sont plus tard remplacées par des traits faits à l'encre. Les arpenteurs très-experts ne font pas le travail préliminaire au crayon et exécutent de suite le tracé à l'encre. On obtient ainsi de la célérité, mais on rend très-difficile la correction des fautes dans lesquelles on est tombé. Si l'on avait perdu ou oublié un des points, on le déterminerait par l'intersection de deux arcs décrits de deux points connus.

Si l'on craint de gâter le plan-minute par les piqûres de l'aiguille, on pourra calquer au verre. Pour cela, on se sert d'un grand carreau de verre encadré dans un châssis de bois, monté sur deux supports, au-dessus desquels il est rendu mobile : on pose sur la vitre le dessin sur lequel est attaché un papier blanc, et comme on voit distinctement au travers, on suit légèrement avec un crayon tous les traits du plan, et l'on a la copie exacte que l'on met ensuite à l'encre.

On peut encore couvrir le plan d'un quadrillage plus

on moins écarté et en faire autant au crayon sur la feuille de papier blanc ; il est alors facile de mener, même à la simple vue, des lignes semblables les unes aux autres, quand elles sont très-courtes et que les points de départ et d'arrivée sont ainsi rapprochés et faciles à connaître.

Le meilleur papier pour les plans, surtout pour ceux qui doivent être lavés, est celui qui a le plus de corps ; il vaut mieux, lorsqu'il est vieux mais bien blanc, que lorsqu'il est sorti tout nouvellement de la fabrique. On emploie ordinairement et avec raison le papier de Hollande.

Voici maintenant les méthodes mathématiques. Soit la figure proposée ABCDF. (*Fig.* 106.) Divisez cette figure en trois triangles, puis tracez une ligne *ab* égale à AB ; prenez avec un compas la grandeur du rayon BD, et avec cette ouverture et du point *b* comme centre, décrivez un arc vers *d ;* les rayons BD, AD étant égaux, décrivez avec la même ouverture de compas, du point *a*, un arc qui coupera le premier au point *d ;* vous aurez le triangle *adb* semblable à ADB. Ensuite du point *b*, décrivez avec un rayon égal à BC, un arc vers *c*, et du point *d* un autre arc d'un rayon égal à DC, qui coupera le dernier au point *c ;* faites de même pour obtenir le point F, et joignant tous ces points par des lignes droites, vous aurez une figure semblable à celle proposée, ce qui se prouve par l'égalité des triangles.

On peut encore obtenir promptement une figure semblable à une autre rectiligne par la méthode des lignes parallèles. Tracez *ab* (*Fig.* 106) parallèle à AB ; donnez à cette ligne *ab* une longueur pareille à celle AB ; menez avec la règle et l'équerre au point *a* une ligne parallèle à AF, à laquelle vous donnerez même longueur que sa correspondante AF, vous déterminerez la ligne *af*. Faites de même pour tous les autres côtés de la figure proposée et vous obtiendrez une figure semblable. Si la figure avait des sinuosités, on les obtiendrait par des perpendiculaires sur ces lignes. Toute cette explication se démontre par la direction parallèle des côtés et par leurs longueurs semblables.

Nous croyons devoir réunir ici tout ce que nous avons dit de l'échelle du plan dans le cours de cet ouvrage. L'échelle est une ligne qui détermine, sur le papier, la longueur d'un certain nombre de mètres ou de pieds trouvés sur le terrain. Pour construire une échelle, il suffit de diviser une ligne en parties égales, et qu'elle soit en proportion à une autre ligne prise pour base : telle que le millimètre par mètre et la ligne pour pied ; la longueur de l'échelle doit être divisée en 2, 3, 4 et 5 parties égales, et que chacune de ces divisions contiennent 10 ou 100 parties de la mesure fondamentale. La première division à gauche doit donner les mètres ou les pieds, afin que par une simple ouverture de compas, on puisse joindre aux dixaines ou aux centaines un nombre quelconque d'unités.

2. *Des moyens de réduire ou d'augmenter un plan.* Pour *réduire* ou *augmenter* les dimensions d'un plan, on se sert du *Pantographe* ou du *Micrographe*. Le premier de ces instruments est le plus connu et par conséquent le plus employé. Cependant, sans ôter rien à la bonté du pantograple, on peut recommander le micrographe. Nous ne dirons rien de l'emploi de ces deux instruments qui agissent vite et fort bien ; une instruction les accompagne et donne toutes les prescriptions nécessaires. Le pantographe et le micrographe n'ont qu'un seul inconvénient,

le haut prix qu'ils coûtent; beaucoup d'arpenteurs ne peuvent donc les acquérir, et nous allons leur indiquer quelques méthodes qui permettent de se passer de ces instruments.

Lorsqu'un plan est trop grand ou trop petit, on peut le mettre dans telle proportion que l'on veut; mais il faut faire bien attention de ne point tomber dans les erreurs que peuvent commettre involontairement ceux qui n'ont aucune connaissance des simples éléments de la géométrie; car, lorsqu'on leur propose, par exemple, de réduire un plan à la moitié, ils font une échelle moitié plus petite que celle qui a servi au rapport du plan, ce qui leur donne un plan qui, au lieu d'être la moitié de celui qu'il représente, en est le quart : en effet, en tirant par le point E (*Fig.* 110) moitié de AC, la ligne EF parallèle à AB, et par le point G moitié de AB, la ligne GH parallèle à AC, il est visible que la portion x n'est que le quart de la ligne ACDB et non pas la moitié. Par la même raison, si l'on prenait le tiers de chaque côté de cette figure, on la réduirait au neuvième et non pas au tiers, etc. Il ne faut pas non plus doubler, tripler l'échelle pour faire un plan double ou triple d'un autre, car le premier serait quadruple et le second neuf fois plus grand : c'est-à-dire que ces plans seraient entre eux comme les carrés de leurs côtés homologues.

Afin de ne pas tomber dans de pareilles erreurs, il faut chercher une moyenne proportionnelle entre un côté du carré de l'échelle du plan et la ligne proposée. Cette moyenne proportionnelle sera le côté du carré de l'échelle, sur qui se fera le plan que l'on demande. Par exemple, si l'on veut réduire un plan à la moitié, on cherchera une moyenne proportionnelle entre le côté du carré de l'échelle du plan et sa moitié. Si le plan devait être réduit au tiers on prendrait une moyenne proportionnelle entre le côté du carré du plan et son tiers.

Lorsque l'on veut faire un plan double ou triple d'un autre, il faut prendre une moyenne proportionnelle entre le côté du carré de l'échelle et son double ou son triple; cette moyenne proportionnelle sera le côté du carré d'une nouvelle échelle qui fera le plan comme on le demande. Lorsqu'il ne se trouve pas d'échelle sur le plan, on le cherche par les procédés indiqués.

Quand l'échelle est faite, il est bon, pour plus d'exactitude, de tirer sur le plan deux lignes au crayon, qui se coupant à angles droits, le partagent en quatre parties égales : de mesurer ces lignes bien exactement sur l'échelle du plan, et de donner le même nombre de parties, mais prises sur la nouvelle écheile, à celles que l'on tirera sur la copie pour les représenter. Lorsque ces lignes seront ainsi déterminées, on commencera par le point où elles se croisent, en s'écartant toujours, sans cependant quitter ces lignes, avant que les figures qu'elles coupent soient réduites. Pour y parvenir plus aisément et plus promptement, on concevra toutes les figures partagées en triangles que l'on déterminera par des points d'intersection, en observant toujours de prendre les mesures de la figure du plan original sur son échelle, afin de prendre une même quantité de parties sur la nouvelle échelle.

On peut encore réduire ou augmenter un plan en divisant sa longueur et sa largeur en parties égales, à chacune desquelles on donne tel nombre de parties que l'on veut de son échelle; ensuite, on tire parallèlement à la longueur et à la largeur du plan, des lignes au crayon, qui se coupent à angles droits. Ce mode d'opérer a déjà été indiqué par nous pour la copie des plans. Seulement ici les carrés faits sur le plan ou pour la copie sont de grandeurs différentes, mais proportionnelles. Si l'on veut réduire, par ce moyen, un plan à moitié, au quart, etc., il ne s'agira, comme ci-dessus, que de trouver une moyenne proportionnelle entre chacun des côtés qu'on a d'abord tracés sur l'original, et sa moitié ou son quart, et de diviser chaque moyenne proportionnelle en autant de parties égales qu'il y a de divisions dans celles qu'elles représentent; enfin de tirer, par les points de divisions, des lignes qui formeront des carrés semblables à ceux qui sont sur l'original.

Quand les carrés sont construits, on rapporte à vue dans ceux de la première rangée de la copie, ce qui est dans les correspondants de la première rangée du plan original; savoir: ce qui se trouve dans le premier carré de l'un, dans le premier carré de l'autre; ce qui est dans le second de l'un, dans le second de l'autre, etc., le tout en proportion, et en suivant les mêmes rangées, en longueur ou en largeur, afin de ne point se tromper de carré. Il arrive quelquefois que l'on est obligé de tirer des diagonales dans les carrés, afin de rapprocher avec plus de précision les différentes choses qui s'y trouvent, et qui demandent une attention particulière. On se sert aussi d'une échelle pour déterminer certaines longueurs, qui ne le peuvent être par le moyen des carrés; comme lorsqu'une ligne traverse le côté d'un carré, et qu'il est nécessaire d'avoir exactement la distance qu'il y a du même carré au point de section; ou lorsqu'une même ligne se trouvant dans un carré, on veut savoir son étendue depuis le côté du carré jusqu'à son extrémité. Pour connaître ce que ces intervalles ont de longueur, on les porte sur l'échelle du plan, et à mesure qu'on les connaît, on prend le nombre de parties, que chacun contient, sur la nouvelle échelle, afin de déterminer les points dont on a besoin.

Lorsque le dessin est entièrement passé au crayon on le trace à l'encre, ce que l'on appelle *mettre au trait :* puis avec un peu de mie de pain rassis ou de gomme élastique, on le frotte légèrement pour effacer les carrés et les fausses lignes que l'on peut avoir faites en mettant le dessin au crayon.

Nous allons donner quelques autres méthodes que nous accompagnerons d'exemples. Ainsi on peut réduire une figure en marquant un point en dedans et tirant des rayons à tous ses angles : Soit la figure 111 ABCDE qu'on propose de réduire dans le même rapport que *ab* est à AB; marquez un point F dans le milieu de la figure, et tirez des lignes aux points A, B, C, D, E; ensuite menez *ab*, parallèle à AB, la ligne *bc* parallèle à BC, ainsi des autres, et vous aurez la figure *abcde* semblable, mais plus petite que la figure proposée à réduire, et dans le rapport demandé. Si au contraire on devait augmenter la figure, on prolongera les rayons de F en A, B, C, D, E, passant par les angles de la figure à augmenter, et on mènerait les parallèles comme ci-dessus, avec cette seule différence qu'elles se trouveront en dehors de celles déjà tracées.

Si l'on propose de réduire la figure ABCDE (*Fig.* 112), dans le même rapport que la ligne AB est à la ligne *ab*, faites une échelle proportionnelle; ensuite mesurez avec un compas et sur l'échelle du plan proposé, tous les côtés de cette figure, que vous réduirez dans le rapport désigné, en opérant comme nous l'avons déjà indiqué, en donnant aux côtés de cette figure des longueurs prises

sur l'échelle de réduction ; vous obtiendrez alors une figure proportionnelle dans le rapport demandé. On peut,
d'après ce procédé, augmenter proportionnellement une
figure quelconque.

On pourrait encore réduire facilement ces figures,
comme nous l'avons indiqué dans le paragraphe précédent,
en se servant des parallèles. Il suffirait de donner aux parallèles des longueurs proportionnelles. De tous ces moyens,
le seul praticable pour les surfaces très-étendues et remplies de détails, est sans contredit le premier décrit après
l'indication du pantographe et du micrographe, qui consiste à diviser le plan et la copie en carrés proportionnels :
les autres ne sont bons que pour de petites figures qui
ne renferment qu'un petit nombre de lignes.

CHAPITRE VIII.

Lavis des plans.

Sous ce nom, nous comprendrons non-seulement l'art
de laver un plan ou d'y placer les couleurs, mais encore
celui de le dessiner, ainsi que les divers objets qui doivent être apparents. Notre travail se trouvera ainsi divisé
en deux paragraphes.

1. DE LA MISE AU TRAIT. Le plan étant rapporté et
dessiné d'abord au crayon, il s'agit actuellement de le
tracer à l'encre, ce que l'on nomme *mettre au trait*. Le
premier trait doit toujours être très-léger, afin que l'arpenteur puisse, par un nouveau trait, ferme et arrêté,
donner, à l'ensemble des masses, les formes les plus pro-

pres à les exprimer comme il convient, ayant égard aux parties éclairées et obscures. Aussitôt après cette première partie du travail, on doit apercevoir l'effet que l'on se propose d'atteindre.

Pour tracer les lignes du plan, on se sert du tire-ligne; mais pour les parties dessinées, il faut employer la plume et même le pinceau. Quelques arpenteurs se contentent de la plume, d'autres du pinceau; nous croyons pour l'avoir long-temps éprouvé, que l'un et l'autre des moyens doivent être réunis.

Sur le plan dessiné au crayon, on indiquera *la place*, ou le contour des montagnes ou des vallons, en les suivant avec un pinceau chargé d'un peu d'encre de la Chine, ou de sépia mélangée de carmin. Les *arbres* et *arbustes* en *haies* ou en *buissons isolés* seront arrêtés légèrement à la plume. Dans *les bois*, les arbres seront placés en groupes et entremêlés de buissons plus bas, s'il s'agit de *forêts surtaillis*, car pour les *futaies*, les arbres disposés isolés ou en groupes, occuperont le terrain seuls et sans mélange. Les distributions et les compartiments des *jardins*, *parcs*, etc., seront arrêtés au pinceau, et on dessinera à la plume les *arbres*, *charmilles*, *vergers*, *bosquets* : les *arbres des plantations régulières* seront uniformément répartis. Les *échalas* sont tracés à la plume et sont petits, droits, et autour d'eux un trait s'enlace comme un cep : ceux de *houblons* sont semblables, mais quatre fois plus élevés.

Les *rivières* se tracent à la plume et s'ombrent au pinceau; les *ruisseaux* sont ordinairement désignés par une seule ligne. Le courant doit être indiqué dans les rivières par une flèche dont le fer est en aval.

Les *plans des bâtiments* sont tracés au tire-ligne et à la

plume ; on se sert d'une règle pour donner plus de régularité aux lignes. Pour les *bâtiments construits* et pour les *projets arrêtés* les lignes sont continuës ; pour ceux qui sont encore *irrésolus*, on se contente de ponctuer les lignes. On exprime aussi par des lignes ponctuées , les ouvrages *souterrains* , *les canaux*, *les tuyaux de conduite* des eaux.

Il est encore une foule d'autres indications , malheureusement trop nombreuses pour trouver place ici ; au premier rang sont les lignes de délimitations, les routes et les chemins, les cours d'eau, les digues, les ponts, les diverses natures des propriétés , des habitations et des réunions de celles-ci. Dans le paragraphe du lavis, nous serons un peu moins concis , et quelques-unes des explications que nous donnerons alors , pourront s'appliquer à ce paragraphe. Ainsi l'on verra que des lignes sillonnent les champs en culture, que des arbres s'élèvent dans les bois, et que des fossés divisent et rizières et marais salants.

En mettant au trait les plans des ouvrages que nous venons de désigner, on fera sentir le côté éclairé et le côté ombré ; pour cela les lignes du côté qui reçoit la lumière seront déliées, celles du côté qui en sera privé seront plus grosses ; cette grosseur sera plus ou moins forte, à raison du plus ou du moins de relief que l'on voudra donner au plan , que l'on supppose toujours coupé horizontalement, à quelques mètres ou fractions du mètre au-dessus du niveau du terrain. On est convenu généralement que le jour serait supposé venir de gauche à droite , à 45° degrés de déclinaison ou à 45° d'inclinaison ; la première partie de cette supposition porte les ombres vers la base du plan, et la seconde les rend égales à la hauteur des corps qui les produisent.

12.

Nous ne pouvons en dire davantage sur la mise au trait, sans entrer dans des détails qui ne peuvent être donnés que dans un ouvrage spécial ; nous devons cependant expliquer comment par des hachures horizontales, par rapport à la hauteur des montagnes ou lieux élevés, on indique l'élévation exacte de ces mêmes montagnes. Ces hachures qui, comme nous l'avons dit, sont horizontales ou si l'on veut perpendiculaires à une ligne qui tomberait verticalement du sommet sur la base de la montagne, ces hachures ont entre elles une distance partout égale, et ordinairement de 10 mètres ; ainsi la montagne aura autant de fois 10 mètres de hauteur, qu'il y aura de hachures. On sent que l'on pourrait concevoir cette même distance, comme étant de 5 mètres ou de 20, 30, 40, 100, etc. ; on indique les ombres par des hachures d'une autre nature, courtes et plus ou moins rapprochées ; on les fait dans divers sens.

II. DU LAVIS. Sous ce nom, l'on entend la coloration du plan, ce qui est la dernière opération que l'on ait à exécuter pour le rendre complet. Le lavis a toujours lieu pour les plans soignés ; on le néglige quelquefois dans ceux d'une minime importance, mais jamais cependant sans en rendre le travail moins parfait et surtout moins intelligible. Par la coloration des diverses parties du plan, au moyen de nuances différentes, on distingue toutes les natures de propriétés et de terrain. Le lavis s'exécute au pinceau, et demande une extrême habileté de main, tant pour le mélange des couleurs que pour leur placement sur le plan ; les mêmes nuances doivent être uniformes partout le plan, ayant soin cependant d'ombrer les parties qui doivent l'être, et de fondre celles qui le demandent..

On emploie pour laver, un petit nombre de substances colorantes qui , seules ou mélangées , fournissent toutes les teintes nécessaires; ce sont : l'*encre de Chine*, la *sépia*, l'*indigo*, la *gomme-gutte* et le *carmin*. En mêlant du bleu et du jaune on obtient du *vert* de diverses nuances, suivant la proportion plus ou moins grande de l'une ou de l'autre des couleurs primitives ; le *violet* est produit par le mélange du carmin et de l'indigo ; l'*orange* par celui de la gomme-gutte et du carmin ; un peu d'encre de Chine , de la sépia, de la gomme-gutte et du carmin, donnent la *terre d'ombre*.

Le plan qui doit être lavé , sera légèrement mouillé au revers avec une éponge imbibée d'une petite quantité d'eau , et collé par ses bords sur une planchette ; les parties qui devront être imprégnés d'une solution de gomme ou de colle à bouche, devront être en dehors de ce qui est nécessaire au plan ; en effet, lorsque celui-ci sera achevé , on coupera toutes les portions touchées par l'encollage ; on laissera sécher la feuille de papier mouillée et collée et on procédera au lavis.

Les couleurs dans le lavis ne s'appliquent point d'un seul coup de pinceau, mais en repassant à diverses reprises et fondant avec soin pour obtenir un tout harmonieux et homogène. Nous allons indiquer les nuances conventionnelles par lesquelles on indique et représente les diverses natures des objets que l'on trouve dans le plan.

Les *terres* , gomme-gutte et un peu de carmin ; celles ensemencées en *froment* ou en *seigle* se labourent avec quelques lignes de gomme-gutte pure qui doivent suivre les lignes ponctuées désignatrices de la nature de l'héritage. Les pièces de terre autres que celles que nous ve-

nons de désigner, et ensemencées, se labourent en vert ;
celles qui sont en repos ou les *jachères* , sont labourées
avec des lignes de sépia. Le point de départ de ces diverses lignes doit être plus foncé et plus large et elles
doivent se fondre à l'autre extrémité ; les pièces de terre
qui sont voisines les unes des autres , doivent être labourées dans des sens différents , afin que la séparation soit
plus apparente. Les *vignes* sont lavées d'une teinte composée d'indigo et de carmin. Les *terres humides,* auront
la même teinte que les terres ordinaires , seulement les
parties humides seront indiquées avec du bleu. Les *prés*
seront lavés d'une teinte produite par le mélange de la
gomme-gutte et du bleu ; ceux qui sont *humides* recevront d'abord la nuance indiquée ci-dessus, et les parties
humides seront exprimées par du bleu. On lavera les
vergers d'une teinte un peu plus jaune que les prés, les
arbres seront peints en vert foncé, et les ombres indiquées par quelques coups de pinceau chargé de sépia.
On emploie pour les *bois* la gomme-gutte et l'indigo. Les
futaies seront indiquées par des arbres dessinés et peints
en vert foncé ; elles seront éparses et sans ordre, mais on
leur conservera autant que possible la forme de l'essence
dominante. Les *broussailles* auront un sol d'un vert un
peu jaune et panaché de vert. Les *forêts surtaillis* seront
mélangées de futailles et de broussailles. Les parties *ma-
récageuses* des bois seront indiquées par quelques touches de bleu. Les *arbres* et les *haies* seront indiquées par
du vert foncé. Le moyen que l'on emploie le plus ordinairement pour indiquer un arbre ou une haie, consiste
à déposer un peu de vert que l'on appuie d'un peu de
jaune du côté de la lumière ; on appelle cette partie du
travail *pochage.* Les *rizières* seront divisées par des fossés

lavés en bleu , et le fond sera teinté de vert et de bleu faible.

Les *marais* seront lavés comme les prés, mais on réservera des espaces blancs qui seront remplis de teinte bleue et de sépia. Les *tourbières* ne différeront des marais que par les parties en exploitation, indiquées par des excavations rectangulaires et colorées de bleu et de sépia. Les *vases* recevront, pour teinte, un mélange d'encre de Chine, et de très-peu de carmin.

Les *sables* seront lavés en gomme-gutte et carmin. Les *galets*, en teinte de sable un peu blanchâtre, les pierres indiquées par quelques touches de sépia. Les *friches* en vert panaché de sable, les deux couleurs un peu ternes. Les *bruyères*, vert et rouge peu foncés, disposés par zônes obliques et fondues les unes dans les autres. Les *landes*, semblables aux friches, mais parsemées d'excavations coloriées avec l'indigo et la sépia. Les *dunes*, comme les sables, seulement des mamelons seront indiqués par quelques coups de pinceaux chargés de sépia. Les *rochers* seront dessinés à la plume et coloriés à la sépia.

Pour la *mer*, on emploiera de l'indigo auquel on mélangera un peu de gomme-gutte. Les *fleuves*, *lacs*, *rivières*, *étangs*, *ruisseaux*, *canaux*, seront lavés d'un bleu foncé le long des bords et d'un bleu plus faible vers le milieu du lit. Quelques auteurs proposent d'employer le vert d'eau mélangé de gomme-gutte et d'indigo pour tous les cours d'eau. Les *salines* auront les contours en noir, les pentes à la sépia, et les cases remplies de bleu.

Les *routes*, *chemins*, *avenues*, *sentiers*, seront lavés à l'encre de la Chine ou laissés blancs. Les *rues pavées* se lavent d'une teinte de bleu pâle, mêlée d'un peu d'encre

de la Chine. Les *carrières* sont nuancées d'une teinte
d'encre de Chine et de sépia. L'*épaisseur des murs* d'une
construction est lavée en noir quand on doit la conserver;
on lave en rouge le périmètre de celles en projet, et en
jaune celles à démolir. Les ouvrages de *maçonnerie détruits* seront ponctués en rouge, ceux de terre également
détruits le seront en noir. On colore aussi en noir les
ouvrages en bois. La pente des *toits* se marque par une
teinte d'encre de la Chine posée sur le sommet, et adou-
cie vers les extrémités; on y ajoutera ensuite une teinte
de bleu si le toit est en ardoises, ou une teinte de rouge
s'il est en tuiles.

Nous ne croyons point avoir tout dit sur le lavis, qui
demanderait à lui seul un volume. Les méthodes et les
teintes employées diffèrent suivant les arpenteurs; nous
avons donc cru devoir ne donner que quelques-unes des
prescriptions que nous suivons dans notre pratique et les
plus généralement employées par les géomètres. Nous
terminerons ici ce chapitre, après toutefois avoir décrit
en peu de mots comment les teintes doivent être placées
sur le papier; pour cela on se servira de deux pinceaux,
dont l'un sera chargé de couleur et l'autre d'eau; avec le
premier, on étendra la couleur sur les bords intérieurs
de la partie du plan à colorer, et avec le pinceau imbibé
d'eau, on l'étendra du bord de l'ombre à celui qui est le
plus éclairé, ayant bien soin de fondre et d'affaiblir la
teinte en mourant jusqu'au point le plus rapproché de la
lumière. Il ne faut pas laisser sécher la couleur avant de
l'étendre, ce qui, au reste, n'a nul besoin de démonstration.

Enfin, pour nous résumer et en employant les expres-
sions d'un de nos meilleurs traités sur la matière, il faut:

1° Faire une ébauche qui doit annoncer toutes les parties qui concourent à l'effet général; 2° donner des teintes au degré convenable, et toujours en conservant le ton local; 3° distribuer les ombres d'après les principes que l'on a fait connaître; 4° faire ressortir les détails par des touches et par des teintes plus ou moins fortes : le degré de force de ces teintes doit être en raison de l'éloignement des objets à la base du plan : il faut aussi détailler les masses d'ombres par de secondes teintes, en ménageant les parties refiétées de ces masses; cette observation est particulièrement relative aux montagnes; 5° donner les coups de force pour rendre certains détails plus sensibles et plus décidés en les faisant paraître sous le jour qui leur convient et toujours en raison du clair-obscur; 6° distribuer les teintes coloriées sur toutes les parties du plan, en conservant le ton et la couleur locale relative à chaque objet; 7° enfin en imitant la nature qui doit servir de modèle à tous les artistes.

En effet, un plan pour être bon, doit non-seulement offrir les contours des limites générales et particulières, mais encore la configuration du sol, des élévations ou dépressions, sa division en diverses propriétés et en différentes cultures, enfin les constructions qui le chargent et les cours d'eaux qui l'arrosent.

L'écriture employée sur les plans sera nette, correcte, très-lisible, et on ne la chargera point d'ornements inutiles.

CHAPITRE IX.

Des partages, du bornage

ET DES PROCÈS-VERBAUX.

I. PARTAGE. Tous les jours dans la pratique il devient nécessaire de partager les propriétés et de donner à chacun des co-partageants une part égale. Nous en avons donné quelques exemples dans le courant de cet ouvrage, particulièrement lors de l'article de l'aménagement des bois; nous serons ici fort courts, et nous allons passer de suite aux exemples que l'arpenteur doit connaître comme prescriptions et règles.

1. *Partager un triangle donné en trois triangles qui aient entre eux même superficie.* Divisez la base en trois parties égales, et joignez au sommet du triangle les trois points de division, en tirant des lignes droites; vous aurez trois triangles égaux entre eux, car ils ont des bases égales et des hauteurs égales. On conçoit que ce qui se fait pour obtenir trois triangles égaux, pourraient aussi bien, en augmentant ou diminuant le nombre des divisions de la base, donner des quantités plus ou moins considérables de triangles ou de portions égales.

Si l'on voulait avoir, dans un triangle donné, un certain nombre de triangles qui aient entre tous des rapports donnés, on diviserait la base en parties qui soient entre elles dans des rapports donnés, et l'on joindrait au sommet du triangle les points de division, en employant des lignes droites.

2. *Partager un triangle donné BAC (Fig. 113), en deux parties, qui soient entre elles dans un rapport donné, par une ligne menée d'un point D pris sur l'un des côtés.* Soient M et N les deux nombres qui expriment le rapport : divisez le côté BC en deux parties qui soient dans le rapport donné, soit E le point de division, joignez le point E et le point A, joignez aussi le point D et le point A, et menez EK parallèle à DA ; puis menant DK, le triangle DCK : BDKA : : M : N ; ce que nous allons démontrer : les triangles CAE, EAB de même hauteur, sont entre eux comme leurs bases CE, EB, c'est-à-dire comme M est à N ; mais CAE = CKD, donc CKD : EAB : : M : N. Or EAB = BDAK, car EAB = BDA + ADE, BDKA = BDA + ADK, et ADE = ADK, donc CKD : DKAB : : M : N.

3. *Partager un triangle donné BAC, en trois parties équivalentes entre elles, par des lignes menées d'un point O (Fig. 114) pris sur l'un de ses côtés.* Divisez le côté AC en trois parties égales, et par les points M et N de division, menez BM, BN, joignez O et B ; et par les points M et N menez MP et NQ parallèles à OB ; enfin menez OP et OQ et les parties AOP, POQB, QOC seront égales ; ce que nous allons démontrer : ABM, MBN, NBC sont égaux : or, 1° ABM = APM + PMB = APM + PMO = AOP ; 2° MBN = BOM + BON = BOQ = POQR ; 3° NBC = NQC + NQB = NQC + NQO = OQC ; donc, etc.

4. *Partager le triangle ABC (Fig. 115) en deux parties, équivalentes entre elles, par une perpendiculaire élevée sur AC.* Du point B, abaissez la perpendiculaire BD, et cherchez une moyenne proportionnelle entre AC et la moi-

lié de AD, portez-la de A en E, le point E sera celui par lequel, élevant la perpendiculaire EF, le triangle ABC sera partagé en deux parties AEF, BCEF équivalentes entre elles. Pour démontrer que cette construction donne le résultat demandé, il faut prouver que $AC \times BD : AE \times EF :: 2 : 1$. Or, AE étant moyenne proportionnelle entre AC et $\dfrac{AD}{2}$, $AC:AE::AE:\dfrac{AD}{2}$; mais EF et BD étant parallèles, donnent $BD : EF :: AD : AE$; multipliant ces deux propositions, il en résulte que $AC \times BD : AE \times EF :: AD : \dfrac{AD}{2}$ ou comme 2 est à 1.

5. *Partager le triangle ABC (Fig. 116) en deux parties, équivalentes entre elles, par une droite parallèle au côté AB.* Prenez une moyenne proportionnelle entre le côté CB et sa moitié et portez de C en *n*, le point *n* sera celui par lequel, menant une parallèle à AB, le triangle BCA sera partagé en deux parties C*nm*, *mn*BA équivalentes entre elles. Nous négligerons maintenant les démonstrations dont nous avons donné assez d'exemples.

6. *Partager le triangle ABC (Fig. 117), en trois parties équivalentes, par deux droites parallèles au côté AB.* Prenez une moyenne proportionnelle entre CB et le tiers de CB, portez-le de C en *q*, prenez ensuite une moyenne proportionnelle entre CB et les 2/3 de CB, portez-la de C en *n* par les deux points *q* et *n*, menez *qr* et *nm* parallèles à AB, les trois parties c*rq*, *rqnm*, et *mn*BA du triangle CAB seront égales entre elles.

7. *Partager un quadrilatère ABCD (Fig. 118), en un

*nombre quelconque de parties égales, par des lignes tirées
des angles B et C.* Menez la diagonale AD, que vous di-
viserez en autant de parties égales que le quadrilatère
doit en avoir; puis menant par les points C et B des droites aux points de division, le quadrilatère proposé
sera divisé conformément à la question. Le quadrilatère représenté ici est divisé en deux parties ABEC,
BDCE équivalentes. Pour démontrer la solution de
ce problème nous nous contenterons de dire que, par la
diagonale tirée, on sépare le quadrilatère en deux triangles, sur lesquels on agit, comme nous l'avons dit plus
haut : or ces triangles sont égaux parce qu'ils ont même
base et même hauteur; et il en résulte encore qu'en
agissant sur la diagonale comme sur une base, la divisant
et lui élevant par les points de division des lignes au sommet, on peut la diviser en autant de parties égales qu'on
le désirera.

8. *Partager le quadrilatère ABCD (Fig. 119), en deux
parties, équivalentes entre elles, par une droite coupant les
côtés opposés AB, CD.* Menez DE parallèle à AB, et ayant
divisé ces lignes en deux parties égales, par les points de
division menez FG, GC, le quadrilatère ABCD est déjà
divisé en deux polygones AFGCD, BCGF équivalents. Pour
remplir la seconde condition du problème, menez CF et
ensuite GH qui lui soit parallèle ; enfin joignez les points
F et H ; AFHD et BCHF seront les deux quadrilatères
équivalents demandés. En effet, on a vu que BCGF est la
moitié du quadrilatère proposé, il reste donc à faire voir
que BCHF est équivalent à BCGF; or ces deux polygones
ont une partie commune BCF et les triangles CGF, CHF
sont équivalents.

9. *Partager le quadrilatère ABCD (Fig. 120), en trois parties équivalentes, par des droites tirées de l'angle A.* Ayant tiré la diagonale BD, divisez-la en trois parties égales et par les points de division E et F, menez AE, AF, CE, CF. Il est évident que les polygones ABCE, AECF, AFCD sont équivalents et que par conséquent chacun est le tiers du quadrilatère ABCD. Maintenant si l'on mène la diagonale AC, le triangle ABC=ABCE $+$ AEC, et si l'on mène EG parallèle à AC et ensuite AG, en retranchant de ABC, AGC équivalent à AEC, il restera ABG équivalent à ABCE, tiers du quadrilatère proposé. Le triangle ADC est équivalent à ADCF $+$ AFC, et si l'on mène FH parallèle à AC, et ensuite AH, en retranchant de ADC AHC équivalent à AFC, il restera ADH équivalent à ADCF, tiers du quadrilatère proposé; donc AHCG est le troisième tiers du quadrilatère.

10. *Partager le trapèze ABCD (Fig. 121), en trois parties égales, par les points E et F pris sur l'un des deux côtés parallèles.* Si les points EF divisent le côté AB en trois parties égales, le problème est facile; mais si cette circonstance n'a pas lieu, voici l'opération qu'il faudra faire : Divisez les côtés AB, CD en trois parties égales, et menez, par les points de division G et I, les lignes GH, IK; il est évident que le trapèze sera divisé en trois parties équivalentes par ces droites; joignez le point H au point E, et menez GL parallèle à EH; joignez le point K au point F et menez IM parallèle à KF; enfin, menez LE et MF, les trois parties AELD, LEFM, MFBC du trapèze proposé seront équivalentes.

11. *Partager un pentagone en deux parties équivalentes.*

Menez la diagonale BD (*Fig.* 122) joignant deux côtés contigus, et partagez le quadrilatère ABDE en deux parties équivalentes par une droite coupant les deux côtés proposés AE, BD. Divisez la ligne BD en deux parties égales, et par le point H de division, menez CH. Il est évident que les polygones ABCHGF, CDEFGH seront équivalents. On pourrait transformer ces deux hexagones en deux autres polygones, en assujétissant la ligne qui divise le triangle CBD, en deux parties équivalentes, à passer par le point G. Pour cela, menez CG et HK qui lui soit parallèle, puis joignez GK, les polygones ABKGF, CDEFGK seront équivalents.

12. *Partager un pentagone ABCDE* (*Fig.* 123), *en quatre parties équivalentes entre elles, par des lignes menées d'un angle A.* Transformez le pentagone en un triangle AP4 équivalent, qui ait son sommet en A, et divisez la base P4 en quatre parties égales. Par le point 1, menez 1R parallèle à la diagonale AD, et joignant A et R, AER sera le quart du polygone; car AER = AED — ARD = APD — AID = AP1 premier quart du triangle AP4; ARD2 est le second quart du polygone, car ARD2 = ARD + AD2 = AID + AD2 = A12: second quart du triangle AP4. Par le point 3, menez 3S parallèle à AC, et joignant A et S, A2CS sera le troisième quart du polygone, car A2CS = A2C + ACS = A2C + AC3 = A23, troisième quart du triangle AP4. ASB est donc le quatrième quart du polygone. Tout autre polygone pourrait être résolu par le même problème.

Toutes les méthodes que nous venons d'indiquer donnent le moyen d'opérer sur le plan levé préalablement sur le terrain ; ensuite on reporte les divisions du plan sur la pièce de terre à partager : les travaux de partage sont ainsi très-faciles et donnent d'excellents résultats. Le rapport des divisions sur le terrain ayant été suffisamment expliqué dans le cours de cet ouvrage, nous n'en parlerons pas ici. On peut aussi opérer par le calcul et sur le terrain. Nous allons en donner un seul exemple.

13. *Soit donnée la figure ABCDEF (Fig. 124), à partager en trois parties égales.* Connaissant la superficie, qui est de 120 mètres, on sait que la part de chacun est de 40 mètres. On mesurera un des côtés de la figure, tel que CD, que l'on partagera en trois parties égales DO, OP, PC ; on mesurera aussi la ligne OF, ainsi que la superficie OFED, qui est de 36 mètres carrés ; il reste donc 4 mètres à ajouter à cette superficie pour avoir le tiers. Pour y parvenir, sachant que la ligne OF a 8 mètres, on prendra un mètre sur la ligne FA, de F en Q et on aura le triangle FOQ de quatre mètres carrés qui complétera le premier tiers. On opérera de même pour la partie ABCP, en faisant varier le point A : le reste RQOP formera la troisième portion.

On nomme aussi *géodésie* la partie de l'arpentage qui vient de nous occuper. Nous finirons ici ce paragraphe, car nous n'avons pas à nous occuper d'une distribution des lots, en rapport avec la qualité de chacun d'eux ; ainsi on peut donner une part plus grande à l'un des héritiers sans rompre l'égalité qui doit exister dans le partage. En effet, 2 hectares de mauvaise terre sont souvent inférieurs en produit à un demi-hectare de bonne qualité.

Cette répartition est plutôt du domaine de l'estimateur que de l'arpenteur.

Il est quelquefois nécessaire de mesurer la surface d'un terrain sans en lever le plan. Il s'agit toujours dans ce cas d'une superficie très-peu d'étendue, et ce que nous avons dit dans les principes généraux de géométrie, dans ceux de trigonométrie et dans le cours de l'ouvrage, suffira pour guider l'arpenteur.

II. BORNAGE. Le droit de bornage dérive de celui de propriété, le maître de la chose ayant toujours intérêt à ce qu'elle ne soit pas confondue avec celle de ses voisins ; de là cette disposition de la loi qui porte que : « Tout propriétaire peut obliger son voisin au bornage de leurs propriétés contiguës » et comme cette délimitation d'héritages est dans l'intérêt commun, la loi a voulu que le bornage se fît à frais communs.

On entend par borne toute marque qui sert à désigner la ligne séparative de deux héritages. Mais, le plus communément, ce sont des pierres plantées debout et enfoncées en terre aux confins des propriétés contiguës. Pour témoigner que ces bornes ont été placées pour limiter les héritages, on place, dans certains endroits, du charbon pilé sous la pierre qui sert de borne; dans d'autres contrées ce sont des morceaux de verre, de cuivre ou autre métal ou quelques autres fragments de matière qui paraissent avoir été placés de mains d'hommes. Le plus souvent on se contente de mettre des tuileaux provenant d'une seule brique que l'on casse en plusieurs morceaux et qu'on place en divers endroits du pied de la borne, sans trop les morceler, de manière que l'on puisse connaître, en les rapprochant, qu'ils proviennent d'une même tuile ou brique. Ces marques s'appellent *garants*, *témoins* ou *fileuses*. Les signes qui peuvent servir à délimiter une propriété ne sont pas seulement les bornes, quoique celles-ci soient les meilleures et les plus ordinaires. On se sert aussi du fossé, d'un talus, d'un mur, d'une haie, d'une plantation d'arbres, etc.

Le bornage ou la reconnaissance des anciennes limites se fait à l'amiable, si les deux voisins sont majeurs ou d'accord; ils dressent alors un acte sous-seing privé en double, ou ils font rédiger par leur notaire un procès-verbal authentique qui constate le bornage. S'ils ne peuvent s'accorder, les bornes doivent être placées en vertu d'un jugement, par des experts nommés par les parties ou par le juge de paix. Ces experts prêtent serment et procèdent dans les formes déterminées par le Code de procédure civile. Chaque partie remet ses titres aux experts pour qu'ils puissent déterminer les endroits où les bornes doivent être placées. S'il y a différence entre les titres des deux voisins, celui qui possède doit être préféré. S'il n'y a pas de titre, la seule possession doit faire la règle. Si l'un a des titres et que l'autre n'en ait pas, les titres doivent servir de règle. Si les deux voisins ont des titres, mais qu'ils ne fixent pas l'étendue de la portion de chacun, il faut partager également et par moitié, toujours en supposant qu'il n'y ait pas de possession contraire. Si les titres des deux voisins offraient une étendue plus ou moins grande que celle de tout le terrain, il faudrait faire une règle de proportion et attribuer à chacun une quantité proportionnelle à ses droits. Si les bornes avaient été placées en vertu d'un titre commun et non contesté, et que par erreur, elles se trouvassent avoir été mal placées, l'erreur devrait être rectifiée.

Lorsque les titres sont vérifiés et les pièces de terre mesurées, on place les bornes comme nous l'avons déjà dit, on dresse procès-verbal de l'opération, et si le bornage est fait en justice, les experts déposent leur rapport au greffe du tribunal, qui statue conformément aux dispositions du Code de procédure civile.

Nous allons emprunter à une circulaire de M. le ministre du commerce le passage suivant, qui viendra à l'appui de ce que nous avons dit de la nécessité d'améliorer le cadastre. « Les anticipations de propriété sont fréquentes et grandement dommageables ; lorsque l'on considère tout l'avantage qu'il y aurait à mettre obstacle à cet empiétement et à tarir ainsi la source principale des contestations relatives à la propriété rurale, quand on s'aperçoit que les mutations de propriété souvent indiquées avec inexactitude, diminuent insensiblement chaque année les bienfaits de l'opération du cadastre, on est amené à regretter que, dès le principe de cette grande opération, les communes, à mesure que leur territoire a été cadastré, n'ait pas fait limiter les principales divisions cadastrales, qui n'avaient pas de limites certaines, par des bornes rattachées à des points fixes et toujours facilement remplacées, en cas de disparition ; dans l'intérieur de ces divisions, les géomètres auraient pu indiquer, sur les plans, la largueur et la hauteur de chaque parcelle, et de cette façon les usurpations auraient été rendues impossibles. Ce bornage, qui n'aurait pas causé beaucoup de frais pour chaque commune, et dont la dépense aurait été supportée soit sur les fonds communaux, soit au moyen d'un rôle extraordinaire additionnel à la contribution foncière, pourrait être appliqué à tous les territoires non encore cadastrés. Quant aux territoires

13.

cadastrés, l'opération pourrait se rattacher aux plans de conservation du cadastre. »

Dans l'état actuel de la législation, la délimitation ne peut être confondue avec le bornage. La Cour de cassation a pensé que la délimitation indiquait seulement la ligne séparative des propriétés, mais que le bornage seul constatait légalement cette ligne; qu'ainsi l'action du bornage devait être accueillie, lors même que les propriétés auraient des limites suffisamment indiquées, telles que haies vives, épines, arbres. En général les bornes placées aux extrémités des héritages, indiquent qu'il faut, pour former les limites, tirer une ligne droite d'une borne à l'autre. On considère l'action de bornage comme imprescriptible, parce quelle est inhérente à la propriété, qu'elle en suit le sort et ne peut en être détachée.

Nous allons maintenant parler des procès-verbaux d'arpentage et de bornage; un procès-verbal est un acte qui constate le résultat d'une opération faite légalement; l'arpenteur doit y mentionner : 1º l'époque à laquelle il procède à la reconnaissance de l'héritage dont il fait l'arpentage; 2º en vertu de quels pouvoirs il opère, si c'est d'après les formalités de justice ou à l'amiable; 3º il y désignera les confins de la pièce arpentée; 4º il mentionnera la présence des personnes intéressées à cette opération, tels que le propriétaire du champ et ses voisins; 5º la contenance totale de la pièce et ses divisions s'il doit y en avoir; 6º le nombre des bornes plantées pour délimiter l'héritage, la distance qui existe entre chacune d'elle, leur situation, etc.; enfin il faut qu'un rapport ou procès-verbal exprime clairement le but ou le résultat de l'opération, afin de prévenir toutes contestations qui pourraient s'élever par la suite, au sujet de l'opération dont il s'agit.

Nous allons donner un modèle de procès-verbal; on pourra, après l'avoir étudié avec soin, rédiger tous ceux qui pourront être nécessaires dans la pratique.

MODÈLE D'UN PROCÈS-VERBAL D'ARPENTAGE ET DE BORNAGE.

Nous, soussigné, M. J..... arpenteur à Valenciennes, expert nommé par MM. J. F. L... propriétaire, G. J. S... cultivateur, demeurant à A...., département du Nord, et son frère S. V. S..... habitant au même lieu, déclarons qu'en vertu d'un procès-verbal de la justice de paix de Valenciennes, section de l'Ouest, en date du...., qui nous autorise à délimiter et borner, dans la proportion, des droits des sieurs susnommés, une pièce de terre sise sur le territoire de la commune d'A..... au lieu dit...

Nous nous sommes transportés sur les lieux le...., pour, conformément au procès-verbal précité, procéder à l'opération dont il s'agit, après avoir pris connaissance des titres respectifs, et en présence des parties; nous avons reconnu : 1° que la pièce totale est confinée, savoir : au nord, par une terre appartenant au sieur......., et une haie vive; au levant par un mur et deux pièces de terre aux sieurs.....; sur cette ligne, et à la séparation desdits héritages il existe une ancienne borne; au midi par des murs de clôture avec lesquels elle fait hache; au couchant par une pièce de terre au sieur....; 2° qu'elle contient en surface deux hectares quatorze ares quatre-vingt-dix-sept centiares, au lieu de deux hectares vingt-deux ares quatre-vingt-deux centiares que réclament tous les titres réunis; d'où il résulte une perte pour la totalité, de sept ares quatre-vingt-cinq centiares.

Nous avons ensuite procédé au bornage de chaque portion. La pièce désignée au plan sous la lettre A, contiendra désormais seize ares cinquante-trois centiares au lieu de dix-sept ares quatorze centiares qu'elle devait contenir selon le titre... et a été délimitée par cinq bornes figurées au plan ci-joint. La première borne... La seconde... etc.

La seconde pièce, désignée sous la lettre B, contiendra désormais seize ares cinquante-trois centiares, au lieu de dix-sept ares quatorze centiares qu'elle devait contenir selon le titre, et a été délimitée par six bornes figurées au plan ci-joint.

Enfin la troisième et dernière pièce, désignée par la lettre C, contiendra désormais un hectare quatre-vingt-un ares quatre-vingt-neuf centiares au lieu d'un hectare quatre-vingt-huit ares cinquante-quatre centiares qu'elle devrait contenir selon le titre, et a été délimitée par sept bornes figurées au plan précité.

Attestons que les différents corps d'héritages mentionnés au présent acte, ont été délimités dans la proportion des droits respectifs desdits codivisionnaires, et qu'en outre chacun d'eux jouira, jusqu'après les récoltes prochaines, du terrain qu'il possédait avant ladite opération.

De tout quoi nous avons rédigé le présent procès-verbal pour servir et valoir ce que de raison et nous avons signé avec les parties.

Fait triple à   le   . Une expédition des présentes a été remise à chacune des parties.

Le procès-verbal devra être signé par toutes les parties et signifié à celles qui refuseraient de l'accepter par leurs signatures.

Lorsque la propriété est considérable et qu'elle renferme un grand nombre de parcelles, on dresse un tableau indicatif de la longueur des lignes, de l'ouverture des angles ou des directions qui déterminent la circonscription de la propriété. Une première colonne renferme l'indication des propriétés limitantes; une seconde la désignation de chaque partie de la ligne de circonscription; une troisième et une quatrième les longueurs en lignes droites et en lignes développées; une cinquième la valeur des angles formés par les lignes droites de circonscription; enfin une sixième contient les observations. Ce tableau signé par l'arpenteur et les parties est joint au procès-verbal.

Il est facile à un arpenteur, au moyen de l'exemple et des règles que nous avons donnés, de dresser tous procès-verbaux, quand même ils seraient plus compliqués que le modèle précité. Ainsi on pourra faire des procès-verbaux qui renfermeront des divisions de terrain, des partages, des évaluations et estimations, enfin des procès-verbaux quelque compliqués qu'ils soient.

CHAPITRE X.

De la mesure des solides.

La mesure des solides n'est pas précisément du ressort de l'arpenteur; cependant il est souvent appelé à la campagne pour donner la valeur de divers solides ou la somme des quantités contenues sous les plans qui les enveloppent. Dans les principes généraux de géométrie, nous avons donné les règles théoriques de la mesure des solides, ici nous nous contenterons d'exposer quelques-unes des applications. Le plus grand nombre de celles-ci se font dans les constructions et cependant nous ne nous en occuperons pas, renvoyant à cet égard à l'excellent ouvrage de M. Digeon, *le Livre du Toiseur-vérificateur*, de la *Bibliothèque des arts et métiers* Toutes les questions qui intéressent cette partie importante de l'architecture, y sont traitées *in extenso* et de la manière la plus remarquable.

1. *Déterminer la quantité de mètres cubes contenus dans une cuve ayant la forme d'un cône tronqué peu évasé.* Soient le grand diamètre 3,50 et le petit 3,24, la hauteur de 1,86. On aura d'abord la proportion suivante pour donner le diamètre moyen :

7 : 22 :: 3,37 (diam. moy.) : x 10,5914 circonf. moyenne. Ensuite $\frac{3,37}{4} \times 10,5914 \times 1,86 = 16,60$. Le résultat est donc 16 mètres cubes et 6 dixièmes de mètre cube. Si le cône avait des parois *elliptiques*, on opérerait en se reportant à ce que nous avons dit de la mesure des ellipses. Nous rappellerons ici à ceux qui voudront convertir les mètres cubes en litres, que le mètre cube vaut 1000 litres, le dixième du mètre cube 100 litres, un centième de mètre cube 10 litres, et un millième 1 litre. Ainsi dans l'exemple précité on aura 16,600 litres, ou en hectolitres, 166 hectolitres.

L'instruction du ministre de l'intérieur, de l'an VII, établit que les tonneaux seront calculés comme un cylindre qui aurait pour hauteur la longueur intérieure de la futaille et pour diamètre celui du bouge ou milieu, moins le tiers de la différence qui se trouve entre ce diamètre et celui des fonds. On peut encore agir comme nous allons l'indiquer. Mesurez le diamètre du bouge et celui d'un des fonds, et après avoir calculé séparément les arcs de leurs cercles, prenez moitié de leur somme réunie, laquelle vous multiplierez par la longueur intérieure d'un fond à l'autre.

2. *Déterminer le cube d'un solide quelconque, tel qu'un amas d'engrais, de terres, de pierres, etc.* Il suffit pour cela de multiplier la largeur par la longueur et le produit de cette multiplication par la hauteur : on aura alors la valeur du solide ou des quantités renfermées sous ses divers plans.

Nous terminerons ici notre œuvre, espérant que les soins que nous avons apportés à sa rédaction seront appréciés par nos confrères. Nous n'avons point voulu donner quelque chose de nouveau, mais seulement placer dans un meilleur ordre les connaissances acquises, les rendre plus perceptibles aux intelligences peu éclairées, et enfin mettre l'arpentage à la portée de tous : en vulgarisant la connaissance de cette science appliquée, nous avons eu pour principal but de diminuer le nombre des procès qui affligent nos campagnes. Puissent nos vœux se réaliser et l'approbation de MM. les arpenteurs venir ajouter encore au plaisir que notre zèle a trouvé, en déposant dans ce volume le fruit de longues études et de nombreux et consciencieux travaux de cabinet et de terrain.

PARTIE DE LÉGISLATION.

—

La législation de l'arpenteur ne renferme guère que les lois et ordonnances sur le Cadastre et ce qui concerne le bornage dans nos différents Codes. Nous donnerons ces diverses prescriptions que nous ferons précéder d'un passage tiré de l'édit de Henri IV du mois de mai 1597 ; il y est dit : *Ne prendra arpenteurs qui voudra. Il est défendu à toute personne de s'immiscer à faire aucun arpentage, mesurage, etc., sans être pourvue par lettres-patentes de sa majesté, et reçue aux siéges des tables de marbre.* Après avoir cité ce lambeau d'édit, seulement comme un monument de notre ancienne législation, nous allons passer aux dispositions en vigueur.

Tout propriétaire peut obliger son voisin au bornage de leurs propriétés contiguës. Le bornage se fait à frais communs (Code civil, art. 646.)

Les *bornes* d'héritages sont posées comme limites entre les propriétés. Celui qui supprime ou déplace les bornes d'héritages, paie le dommage ou frais de remplacement ; il encourt une amende de deux journées de travail et une détention d'un an au plus. S'il y a transposition de bornes à fin d'usurpation, la détention peut être de deux ans (loi du 6 octobre 1791, tit. 2, art. 2). Quiconque aura, en tout ou en partie, comblé des fossés, détruit des clôtures, de quelques matériaux qu'elles soient faites ; coupé ou arraché des haies vives ou sèches ; quiconque aura déplacé des bornes ou pieds cormiers ou autres arbres plantés ou reconnus pour établir les limites entre différents héritages , sera puni d'un emprisonnement qui ne pourra être au-dessous d'un mois ni excéder une année , et d'une amende égale au quart des restitutions et des dommages-ntérêts, qui, dans aucun cas , ne pourra être au-dessous de 50 francs. (Code pénal, art. 456). Est puni de la réclusion, celui qui , pour commettre un vol , enlève ou déplace des bornes servant de séparation aux propriétés. (Code pénal, art. 389). Si les délits dont il a été parlé dans l'article précédent, ont été commis par des gardes champêtres ou forestiers, ou des officiers de police, à quel titre que ce soit, la peine d'emprisonnement sera d'un mois au moins, et d'un tiers au plus en sus de la peine la plus forte qui serait appliquée à un autre coupable du même délit (Code pénal, art. 462).

La répartition de l'impôt par le *Cadastre* n'est point d'invention récente ; un grand nombre de provinces de l'ancienne France y étaient soumises ; nous citerons entre plusieurs autres, le Languedoc, la Corse, etc., etc. Sous le nom de cadastre on entend et on entendait la levée du plan d'un terrain par nature, quantité et qualité de biens fonds , pour servir de base à la répartition la plus exacte et la plus juste de la contribution foncière sur les propriétés.

Plusieurs tentatives ont été faites par l'assemblée nationale et par la convention, pour établir graduellement le Cadastre ; mais la mise à exécution générale du système cadastral, n'a eu lieu qu'en vertu de l'arrêté des consuls, du 12 brumaire an XI (3 novembre 1802), qui a ordonné l'arpentage de toutes les communes de France.

Cet arrêté, les circulaires du ministre des finances du 3 frimaire et du 27 nivôse an XI (**24** novembre 1802 et 17 janvier de la même année), et le titre 10 de la loi des finances du 15 septembre 1807 (*Bull.* 161), réunissent l'ensemble de toutes les parties d'exécution des opérations du Cadastre.

Nous ajouterons à ceci la notice des dispositions des lois de finances depuis 1814, qui ont rapport à l'exécution des opérations cadastrales.

La loi des finances du 23 septembre 1814 (art. 16), ordonne l'exécution des lois et réglements sur le Cadastre, mais suspend , pour 1815, la nouvelle répartition de la contribution foncière entre les cantons cadastrés, ordonnée par l'article 15 de la loi du 20 mars 1813, et attribue à ces cantons les mêmes contingents qu'en 1813.

La même disposition est confirmée par l'art. 29 de la loi des finances du 28 avril 1816, et par l'article 49 de celle du 25 mars 1817. Cette dernière loi ordonne que : le ministre des finances présentera, à la prochaine session, un état détaillé, par département, des opérations du Cadastre faites jusqu'à cette époque.

La loi des finances du 15 mai 1818 (art. 36, 37, 38), ordonne que la masse des contingents actuels sera répartie entre les cantons cadastrés d'un même arrondissement, à partir de 1819, au prorata de leur allivrement cadastral, et qu'il sera présenté un nouveau projet de répartition de la contribution foncière entre les départements, basé sur les résultats obtenus par le cadastre, tels que les baux, les ventes, et autres renseignements sur l'étendue du territoire, ou la matière imposable en chaque département.

L'article 16 de la loi des finances du 17 juillet 1819, et

l'article 25 du 23 juillet 1820, suspendent l'exécution de la loi précédente pour la nouvelle répartition entre les cantons cadastrés. La loi des finances du 31 juillet 1821, contient ces dispositions : « Les bases prescrites par l'art. 38 de la loi du 15 mai 1818, pour parvenir à l'évaluation des revenus imposables des départements, seront appliquées aux communes et aux arrondissements par une commission spéciale formée dans chaque département (art. 19) ; à partir du 1er janvier 1822, les opérations cadastrales destinées à rectifier la répartition individuelle seront circonscrites dans chaque département. En conséquence, les conseils généraux pourront voter annuellement pour cet objet des impositions dont le montant ne pourra excéder trois centimes du principal de la contribution foncière (art. 20) ; indépendamment des centimes votés par les conseils généraux, il sera fait annuellement un fonds commun destiné à être distribué aux départements, en proportion des fonds que les conseils généraux auront votés, et à venir au secours de ceux qui ne trouveraient pas dans leurs ressources particulières, les moyens de subvenir à toutes les dépenses que ces travaux exigent. »

Les dispositions des lois du 15 mai 1818 et 31 juillet 1821, sont confirmées par l'article 7 de la loi des finances du 13 juin 1825 (*Bull.* 42). Nous terminons ici ce que nous avions à dire d'une législation fort incomplète, et sur la révision de laquelle tous les esprits sages appellent l'attention du pouvoir.

PARTIE HYGIÉNIQUE.

—

Une profession considérée sous le rapport de l'hygiène n'est autre chose que l'exercice plus ou moins répété d'un appareil de la vie organique, et l'appréciation exacte des changements que peuvent lui faire subir les divers agents modificateurs sous l'influence desquels il se trouve envisagé sous ce point de vue général. Que nous apprend la profession de géomètre-arpenteur? si ce n'est que dans cette profession les travaux intellectuels altèrent continuellement avec un exercice actif tel que la marche, et quoi de plus conforme à la santé que cette manière de vivre? quel meilleur moyen de maintenir les forces dans un juste équilibre, et d'entretenir l'harmonie des fonctions d'où résulte la vie? Si l'homme de lettres est exposé à la foule d'incommodités qui se lient généralement aux travaux de cabinet, n'est-ce pas en grande partie à sa vie trop sédentaire qu'il doit en rapporter la cause? alors le repos musculaire ne concourt-il pas, avec la contention d'esprit, à concentrer vers un seul point de l'économie toute la force vitale et à produire des dérangements notables dans les fonctions, en privant les autres organes de l'énergie qui leur est nécessaire? Si de tout temps la médécine a conseillé aux gens de lettres l'exercice en plein air, les promenades soit à pied soit à cheval, les travaux d'agriculture, c'est que de tout temps on a reconnu l'utilité de pareils moyens, et leurs résultats incontestables pour la conservation de la santé.

Jusqu'à ce jour la profession d'arpenteur-géomètre n'a en aucune manière éveillé l'attention des savants qui se sont occupés des diverses applications de l'hygiène. Le silence de leur part ne doit pas être considéré comme un oubli ou comme une lacune qu'ils auraient laissée dans la science. En effet, c'est plutôt sur les métiers proprement dits, sur les arts qui nécessitent des travaux manuels, des efforts musculaires plus ou moins fatigants, ou qui soumettent l'organisme à l'influence d'agents délétères, que le médecin a dû porter sa principale attention. On ne doit donc pas s'étonner qu'il n'existe aucune donnée sur la profession dont nous avons à parler, et c'est plutôt sur des idées théoriques et rationnelles que sur les résultats de l'observation que l'on peut établir les préceptes hygiéniques qui la concernent.

L'arpenteur-géomètre est ordinairement dans la campagne : il travaille plus souvent en plein air que dans son cabinet. Dans ses tournées il se fait accompagner d'un ou plusieurs hommes qui sont chargés de se baisser et de mesurer le terrain : pour lui il prend note des résultats, pose des chiffres, fait des calculs, etc. Jusque-là rien de remarquable. L'appareil organique, qui se trouve plus particulièrement mis en jeu, est l'appareil musculaire et son action la plus énergique se dirige vers les muscles des extrémités inférieures. Sans prétendre en rien forcer les conséquences, il va sans dire cependant que si l'arpenteur-géomètre est accessible à la fatigue, (ce qui est incontestable) c'est à l'appareil musculaire mis en jeu dans la marche, que cette fatigue doit se faire ressentir; toutefois nous n'indiquons qu'un fait physiologique, dont la santé n'éprouve aucune modification, et au surplus le repos qui succède naturellement rétablit l'équilibre, dans l'hypothèse où ce dernier aurait été dérangé.

Les agents modificateurs hygiéniques à l'influence desquels est exposé l'homme qui parcourt diverses étendues de terrain se trouvent tous dans la classe des *circumfusa*. Ce sont les différents changements dont l'air est susceptible soit sous le rapport de sa pesanteur, soit sous celui de sa température, ou de son état électrique et hygrométrique.

C'est dans les contrées où se trouvent des hauteurs considérables ou moyennes, que les effets résultant des variations de la pesanteur atmosphérique doivent être appréciables. On sait que le poids de l'air diminue à mesure qu'on s'élève au-dessus du niveau de la mer et que cette diminution croissant en raison de l'élévation du sol, finirait bientôt par devenir imcompatible avec la vie : mais il faut qu'on s'élève à de très-grandes distances pour que les choses en viennent à ce point. Sans pousser l'expérience aussi loin, on peut affirmer que, dans certaines localités d'une hauteur moyenne, la respiration et la circulation s'accélèrent ; les liquides du corps tendent à se dilater, gonflent les vaisseaux qui les renferment et se font quelquefois jour au-dehors chez les personnes disposées aux congestions sanguines. Lors donc qu'on se trouvera placé dans une telle circonstance, on évitera tout ce qui peut apporter obstacle au libre cours du sang, comme la réplétion de l'estomac, la constriction opérée par les vêtements, surtout par ceux d'entre eux qui entourent le col.

Comme la température de l'atmosphère décroît à mesure qu'on s'élève au-dessus du niveau de la mer, on ne sera pas étonné que sur les hautes montagnes, on éprouve un froid

plus vif que dans les plaines. On devra donc se vêtir en
conséquence. C'est aussi par le choix des vêtements qu'on
pourra se prémunir contre le froid sec et surtout contre le
froid humide qui détermine si souvent des rhumes intenses,
des rhumatismes, des inflammations du poumon, etc.; cette
condition est d'autant plus indispensable que l'arpenteur-
géomètre ne se livre pas à un exercice assez violent pour
développer beaucoup de calorique, et que d'ailleurs les
stations qu'il est fréquemment obligé de faire tendent sans
cesse à diminuer chez lui la somme de ce fluide. En été,
on sortira le moins possible vers le milieu du jour lorsque
le soleil darde ses rayons perpendiculairement; l'arpenteur
fera bien sous ce rapport d'imiter l'agriculteur qui con-
sacre les matinées et les soirées fraîches à la plus grande
partie de son travail : on se couvrira de vêtements légers,
amples, on fera usage de boissons froides et acidulées;
c'est ainsi qu'on modérera l'action énervante de la grande
chaleur , et qu'on évitera les effets d'une insolation trop
vive, les congestions sanguines qui s'observent si fréquemment dans cette saison, etc.

Quant aux variations brusques de température, les
plus nuisibles sont le passage subit du chaud au froid :
elles peuvent, il est vrai, déterminer des maladies et c'est
ce que l'on voit tous les jours. Mais on doit dire que l'action
des modificateurs atmosphériques se fait moins sentir
chez l'homme qui est presque constamment soumis à leur
influence, que chez celui qui, pour s'en garantir, s'envi-
ronne de précautions minutieuses. L'habitude concourt
puissamment à émousser la sensibilité des organes et à les
soustraire jusqu'à un certain point aux agents les plus
contraires à la santé. Reste la prédominance de l'état
électrique de l'atmosphère dont nous ne dirons rien, et

qui est capable tout au plus de modifier l'état d'un malade ou d'une femme nerveuse. Nous rappellerons seulement les précautions d'usage, qui sont de ne pas chercher un abri dont le sommet soit élevé ou terminé en pointe, d'après la connaissance de ce fait que la foudre se précipite de préférence sur les arbres, les clochers, les montagnes, etc., etc.

Pour terminer, nous dirons que le régime de l'arpenteur-géomètre n'offre rien de spécial. Si sa profession nécessite quelques travaux de cabinet, elle exige aussi un exercice assez prolongé. Ce qu'il perd d'un côté, il le gagne de l'autre. Chez lui l'activité intellectuelle est amplement contrebalancée par l'activité du corps ; et s'il observe fidèlement les règles de conduite dont chacun a la conscience , l'harmonie de ses fonctions souffrira peu d'atteintes et les maladies auront à peine quelques chances de probabilité.

PARTIE BIBLIOGRAPHIQUE (1).

—

1. ARCHIMEDIS *opera*, cum Eutocii Ascalonitæ comment. græc. ex recens. JOS. TORELLI, acced. lectiones variantes. Oxonii, e typ. Clarend. 1792. in-fol.

2. *Notizie intorno* alla vita, alle invenzioni, ed agli scritti di ARCHIMÈDE del Co. MAZZUCHELLI. Brescia, 1737. in-4°. fig.

3. EUCLIDIS *quæ supersunt omnia*, ex recens. Dav. Gregori, græc. et lat. Oxonii, e typ. Sheld. 1703. in-fol.

4. EUCLIDIS *Elementorum* lib. XV. accessit XVI de solidorum regularium cujus libet intra quod libet comparatione omnes perspicuis demonstrationibus accuratisque scholiis illustrati : auctore CHRIST. CLAVIO. Romæ, Grassus, 1589, 2 vol. in-8.

5. PROCLUS'S *commentaries* on the first book of EUCLID'S Elements, translated by TAYLOR. London, 1788. 2 vol. in-4.

6. L. DE BORGO, *Summa Arithmetica*, etc. Venet. 1494. in-folio.

7. J. BOSCHOVICH, *Elementa universa Matheseos*. Romæ, 1754. 3 vol. in-8.

8. VIETOE *opera Mathematica*. Lugd. Bat. 1646. in-folio.

9. P. DE FERMAT *opera Mathematica*. Tolosæ, 1679. in-folio.

10. NEWTONII *opuscula Mathematica*. Lausanne. 1744, 3 vol. in-4.

(1) Tous les ouvrages indiqués ci-dessous sont accompagnés de figures.

11. Leibnitii et J. Bernoulli *Commercium philoso-phicum et mathematicum.* Lausan. 1745, 2 vol. in-4º.

12. Jo. Bernoulli *Opera omnia.* Lausan. 1742, 4 vol. in-4 .

13. Jac. Bernoulli *Opera.* Genevæ, 1744, 2 vol. in-4º.

14. Euleri *Varia opuscula.* Berolini, 1746, 3 vol. in-4º.

15. *Cours de Mathématiques,* par Bezout. Paris, 1754, 4 vol. grand in-8º.

16. *Cours complet de Mathématiques,* par M. l'abbé Bossut. Paris, 1795 à 1801 ou 1808, 7 vol. in-8º.

17. *Leçons élémentaires de Mathématiques,* par M. l'abbé de la Caille. Paris, 1747, in-8.

18. *Abrégé des Eléments de Mathématiques,* par M. Rivard. Paris, 1772, in-8.

19. *Cours de Mathématiques,* par Lacroix, 1827 à 1830, nouvelle édition, 9 vol. in-8.

20. *Eléments de Géométrie,* par M. Legendre, sixième édition. Paris. 1806, in-8.

21. *Géométrie descriptive,* par Monge, cinquième édition. Paris, 1827, in-4º.

22. Euleri *Methodus inveniendi lineas curvas.* Laus-1744, in-4º.

23. *Traité analytique des sections coniques* et de leur usage, par G. de l'Hospital. Paris, 1776, in-4º.

24. F. Viéte, *Canon Mathematicus* seu ad triangula. Paris, 1579, in-folio.

25. *Trigonométrie rectiligne et sphérique,* par Rivard. Paris, 1757, in-8.

26. *Précis de Géométrie élémentaire,* par Vincent. Paris, 1837, in-8.

27. *Traité élémentaire d'Algèbre*, par Mayer et Choquet. Paris, 1836, in-8.

28. *Petit traité élémentaire d'Arithmétique*, par M. le baron Reynaud. Paris, 1835, in-12.

29. *Cours de Mathématiques*, par le baron Reynaud et Nicollet. Paris, 1830, 3 vol. in-8.

30. *Œuvres de Mathématiques*, de Garnier. Paris, 1808 à 1814. 12 vol. in-8.

31. *Lettres à une princesse d'Allemagne* sur divers sujets de physique et de philosophie, par Euler. Paris, 1837. 2 vol. in-8.

32. *Eléments de Géométrie* à l'usage des écoles primaires, par Clairaut. Paris, 1830, in-8.

33. *Arithmétique* et *Géométrie* des écoles primaires, par Bergery. Paris, 1830. 2 vol. in-18.

34. *Application de l'Algèbre à la Géométrie*, par Bourdon, quatrième édition. Paris, 1837. in-8.

35. *Géométrie du compas*, traduit de l'italien de Mascheroni. Paris, 1798, in-8.

36. *Scriptores Logarithmici* (by Fran. Maseres), Lond. 1791, 6 vol. in-4º.

37. Gardiner's *Tables of Logarithmes*. London, 1742, in-folio.

38. *Tables de Logarithmes*, par Callet. Paris, 1795, 2 vol. in-8.

39. *Tables de Logarithmes*, de l'abbé de Lacaille, revues par Marie. Paris, 1799, in-12.

40. *Nouvelles tables trigonométriques* calculées pour la division décimale du quart de cercle, par Habert et Ideler. Berlin, 1799, in-8.

41. *Tables trigonométriques décimales* ou tables des Logarithmes, des Sinus, etc., calculées par Borda, et publiées par J. B. J. Delambre. Paris, 1801, in-4º.

42. *Table des diviseurs pour tous les nombres du* 1er 2e *et* 3e *million*, avec les nombres premiers qui s'y trouvent, par Burckhardt. Paris, 1817, in-4º.

43. Taylor's *Tables of the Equations of second difference.* London, 1780, in-4º.

44. *Tables des Logarithmes*, pour les nombres et les sinus, etc. par M. De la Lande, revues par Reynaud, précédées de] la Trigonométrie du même. Paris, 1818. 1 vol. in-12.

45. *Tables de Logarithmes*, étendues à sept décimales, par Marie; revues par M. le baron Reynaud. Paris, 1835, in-12.

46. *Traité de la construction et usage des instruments de Mathématiques*, par Bion. Paris, 1752, in-4º.

47. *Déclaration de l'usage du Graphomètre* pour mesurer toutes distances, etc. par Ph. Danfrie. Paris, 1597. in-8.

48. *Usage du Compas de proportion*, par Ozanam, revu par Garnier. Paris, 1794, in-12.

49. *Description et usage du Cercle de réflexion*, par Borda ; 4e édition. Paris, 1816, in-4º.

50. *Modèles de Topographie*, dessinés et lavés, par Perrot. Paris, 2e édition, in-4º.

51. *Pratique de la Géométrie* sur le papier et sur le terrain, par Seb. Leclerc. Paris, 1669, in-12.

52. *Traité de Géométrie* à l'usage des artistes, avec les planches de S. Leclerc. Paris, 1774, in-8.

53. *Méthode de lever les plans* et les cartes, par Ozanam, augmentée par Audierne. Paris, 1781, in-12.

54. *Géométrie de position* à l'usage de ceux qui se destinent à mesurer les terrains, par L. M. N. Carnot, Paris, 1803, in-4º.

55. *Traité de l'Arpentage et du Toisé*, par Ozanam, augmenté par Audierne. Paris, 1779, in-12.

56. *Géométrie de l'Arpenteur*, par DOYEN. Paris, 1769, in-12.

57. *Manuel de l'Arpenteur*, par GINET. Paris, 1770, in-8, avec le supplément publié en 1775.

58. *La science de l'Arpenteur*, par DUPAIN de MONTESSON. Paris, 1802, in-8.

59. *Traité d'Arpentage*, par LAGRIVE, avec des notes de REYNAUD, in-8.

60. *Tableau synoptique de Géométrie* et de Nivellement pratique, par D. L'HOMME, in-8.

61. *Principes des Ecritures* en caractères ordinaires et en caractères moulés, appliqués aux plans et aux cartes, par MARIE. In-4º, oblong.

62. *L'art de lever les plans*, du lavis et du nivellement, enseigné en vingt leçons sans le secours des mathématiques, par THIOLLET. Paris, 1834, in-8.

63. *Principes du Dessin et du Lavis* de la carte topographique, par MARIE. Paris, 1825, in-4º.

64. *Cours élémentaire de Géométrie pratique*, par BAZAINE. Paris, in-8.

65. *Tablettes commerciales*, contenant des comptes faits, des tables de division et de multiplication, suivies de tables de réduction des poids et mesures anciennes en mesures nouvelles et poids nouveaux, par DAGUIN. Paris, 1811, in-8º.

66. *Mémoires sur l'Arpentage*, par DÉSAGNEAUX. Meaux, 1803, in-8.

67. *Abrégé du Toisé des ouvrages rustiques*, par DUPAIN de MONTESSON. Paris, in-8.

68. *Nouvelle méthode de Nivellement* trigonométrique, par le baron de PRONY. Paris, 1822, in-4º,

69. *L'art de lever les plans*, par DUPAIN de MONTESSON,

édition revue par J. J. de VERKAVEN. Paris, 1812, in-8.

70. *Nouveau traité géométrique de l'Arpentage*, par A. LEFÈVRE, Paris, 1806, 2 vol. in-8.

71. *Trigonométrie appliquée au levé des plans*, par PUISSANT. Paris, 1809, in-8.

72. *Traité de géodésie*, ou Exposition des méthodes trigonométriques et astronomiques, applicables, soit à la mesure de la terre, soit à la confection du canevas des cartes et des plans topographiques, par PUISSANT, colonel d'état-major, 2º édition. Paris, 1819, 3 vol. in-4º, avec un supplément imprimé en 1827.

73. *Recueil de diverses propositions de Géométrie*, 3º éd. augmentée d'un précis sur *le levé des plans*, par PUISSANT. Paris, 1824, in-8.

74. *Méthode générale pour obtenir le résultat moyen, dans une série d'observations astronomiques faites avec le cercle répétiteur de Borda*, par PUISSANT. Paris, 1823. In-4º.

75. *Principe du figuré du terrain et du lavis* sur les plans et cartes, par PUISSANT. Paris, in-8.

76. *Traité de Topographie*, d'Arpentage et de Nivellement, par PUISSANT, 2º édition. Paris, 1 vol. in-4º.

77. *Manuel de l'ingénieur du Cadastre*, par POMMIÉS, précédé d'un Traité de Trigonométrie rectiligne, par REYNAUD. Paris, 1808, in-4º.

78. *Théorie du Nivellement*, par PICART, édition augmentée par PARA. Paris, 1780, in-12.

79. *Traité du Nivellement*, par LESPINACE. Avignon, 1768 in-4º.

80. *Traité sur le nivellement*, par BUSSON D'ESCARS. Parme, Bodoni, 1813, grand in-4º.

81. *Traité complet sur la théorie et la pratique du Ni-*

vellement, par M. FABRE. Draguignan et Paris, 1812, in-4°.

82. *Géométrie souterraine*, élémentaire, théorique et pratique, par DUHAMEL. Paris, 1787, in-4°.

83. *Méthode pour le lever et la construction* des Cartes hydrographiques, par CH. F. BEAUTEMPS-BEAUPRÉ. Paris, 1808, in-4°.

84. *Traité du Lavis des plans*, par M. L. N. LESPINASSE. Paris, 1818, in-12.

85. *Géodésie*, ou Traité de la figure de la terre, comprenant la Topographie, l'Arpentage, la Géomorphie et la Navigation, par M. FRANCŒUR. Paris, 1835. in-8.

86. *Géométrie pratique*, suivie de l'art de lever les plans, par AUDOIR. Argenteuil, 1835, in-8.

87. *La pratique des levers* enseignée par des dessins, par BARDIN. Paris, atlas de 31 planches.

88. *Traité pratique de la partie d'art du Cadastre*, par M. BUSSET, géomètre en chef du département de la Côte-d'Or. Clermont-Ferrand, 1827. in-8.

89. *Méthode simple et facile pour lever les plans*, par F. LECOY. Paris, 1830, in-12.

90. *Traité raisonné d'Arpentage*, par CRONIER. 1821, in-8.

91. *Guide pratique et mémoratif de l'Arpenteur*, particulièrement destiné aux personnes qui n'ont point étudié la géométrie, par A. LEFÈVRE. Paris, 1833, in-12.

92. *Manuel du Trigonomètre*, par A. LEFÈVRE, 1819, in-8.

93. *Application de la Géométrie à la mesure des lignes inaccessibles*, ou Longiplanimétrie pratique, par A. LEFÈVRE. Paris, 1827, in-8.

94. *Méthode et table pour rapporter sans aucun instru-*

ment que l'échelle et le compas, les angles observés avec le graphomètre et réduits en parallèles, par LE TERRIER. 1834, in-18.

95. *Tables de multiplication à l'usage des Géomètres*, etc., par OYON, in-4.

96. *L'art de lever les plans*, par MASTAING. Dijon, 1832, in-12.

97. *Planimétrie usuelle.* Saintes, 1828, in-8.

98. *La levée des plans* et l'arpentage rendu facile, par M. A. L. M. SOULAS. Paris, 1812, in-18.

99. *Essai sur la cubature des terrasses*, par BUSSON D'ESCARS. Paris, in-8.

100. *Mémoire sur un Niveau à bulle d'air et à lunettes*, etc., par GIRAULT. Paris, 1824, in-8.

1. *Journal de Mathématiques pures et appliquées;* rédacteur, M. LIOUVILLE. Mensuel; Paris, 30 francs; départements, 35 francs; étranger, 40 francs. Quai des Augustins, 55.

2. *Journal für die reine und adgewandte Mathematik in zwanglosen heften, herausgegeben*, von S. L. CRELLE, mit hatiger beforderung hoher kœnigslich-preussischer behœrden. 1 vol. in-4°, de 50 à 60 feuilles par an. En France le prix de chaque volume est de 25 francs.

On s'abonne quai des Augustins, 55, à Paris.

TABLE DES MATIÈRES.

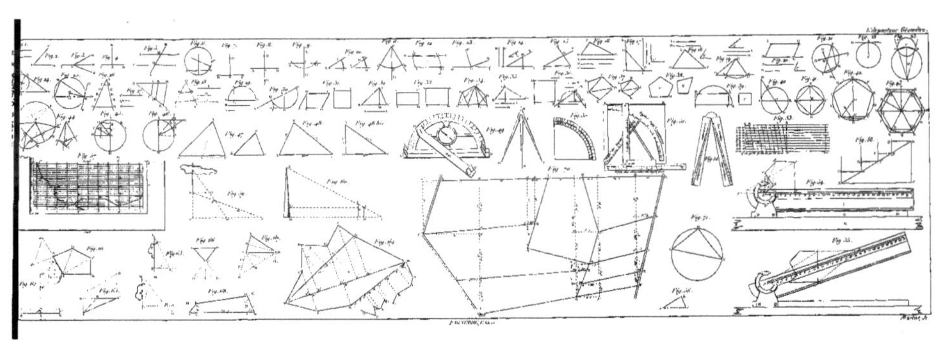

L'Arpenteur Géomètre

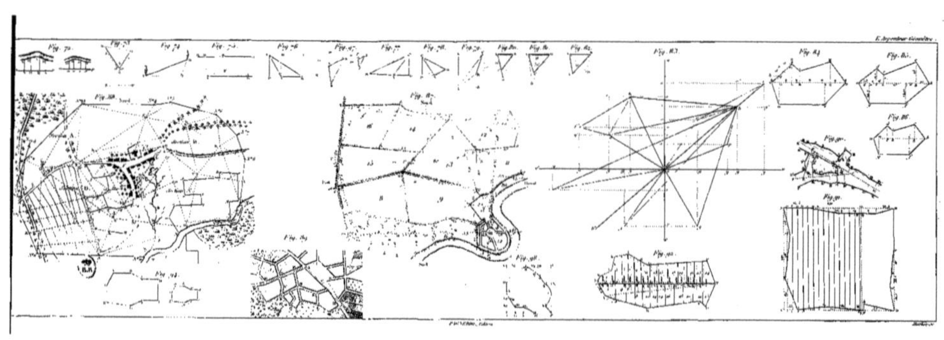

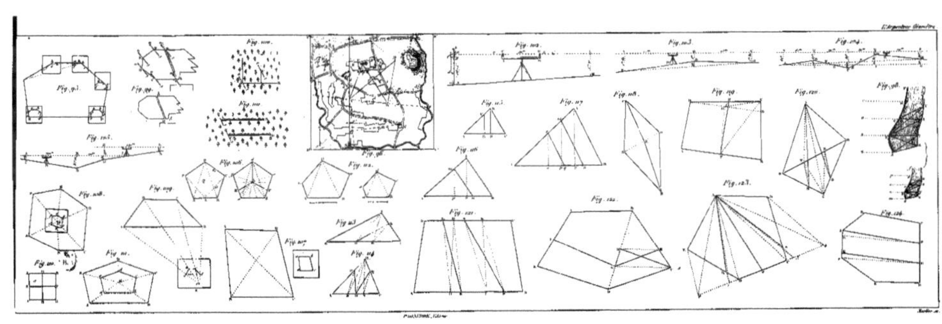